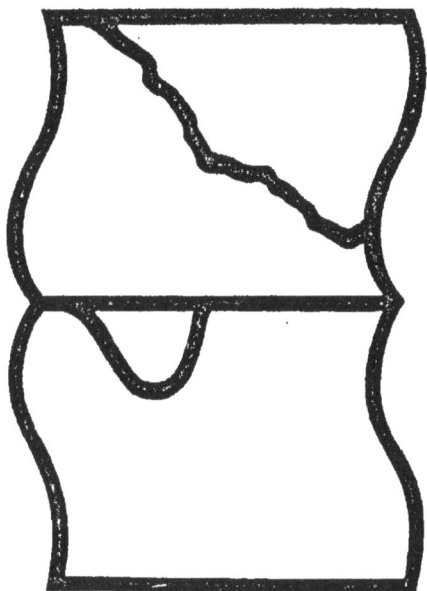

Texte détérioré — reliure défectueuse

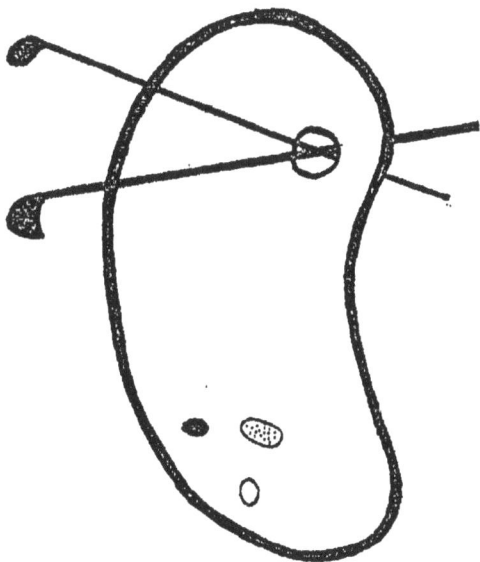

NF Z 43-120-11

COUVERTURE SUPÉRIEURE ET INFÉRIEURE
EN COULEUR

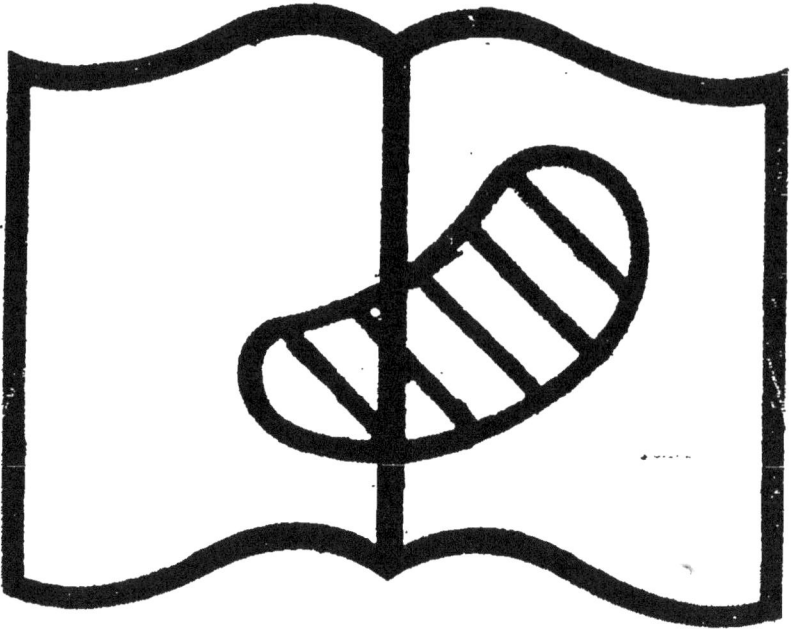

Illisibilité partielle

V 563.
8 B. 1. a.

MÉMOIRE

SUR LA

FORTIFICATION PRIMITIVE.

IMPRIMERIE DE HUZARD-COURCIER.

MÉMOIRE

SUR LA

FORTIFICATION PRIMITIVE,

POUR SERVIR DE SUITE

AU TRAITÉ DE LA DÉFENSE DES PLACES FORTES;

PAR M. CARNOT.

PARIS,

BACHELIER, LIBRAIRE, SUCCESSEUR DE Mme Ve COURCIER,
Quai des Grands-Augustins, n° 55.

1823.

DISCOURS PRÉLIMINAIRE

DU

TRAITÉ DE LA DÉFENSE DES PLACES FORTES.

Quoique, dans tout le cours de ce Traité, j'aye eu à cœur d'être compris par les personnes qui ont seulement les premières notions de l'art militaire, j'ai pensé que la longueur seule de l'Ouvrage, et la nécessité où je me suis trouvé quelquefois d'entrer dans des discussions techniques, pourraient en interdire la lecture à un assez grand nombre : et comme cependant, dans un sujet qui intéresse si fort la société tout entière, il importe que les connaissances ne soient pas concentrées dans un seul corps, je me suis attaché, dans ce Discours préliminaire, à résumer, avec toute la précision possible, les principaux points de cette partie de l'art, qui d'ailleurs n'est point abstraite ; afin que tout le monde, même ceux qui n'en ont fait aucune étude, puissent en saisir l'esprit et en juger sainement. Je me propose donc, dans ce Discours, d'exposer en peu de mots l'état de la question qui fait le sujet de cet Ouvrage, de faire connaître la situation actuelle des choses à cet égard, la nécessité reconnue d'y apporter des changemens, et enfin quels sont ceux de ces changemens qui paraissent les plus propres à l'améliorer.

C'est l'équilibre des forces militaires qui rend les états indépendans les uns des autres. Mais toutes les puissances ne pouvant mettre sur pied le même nombre d'hommes, cet équilibre ne saurait jamais subsister, que par des obstacles, soit naturels, soit artificiels, qui prêtent un point d'appui au plus faible, et retardent au moins l'invasion de son pays, jusqu'à ce que les autres puissances, intéressées au maintien de cet équilibre, aient réuni leurs efforts pour contre-balancer ceux de la puissance prépondérante.

Si de grandes chaînes de montagnes, d'immenses forêts, des déserts arides, des marais impraticables, ou la mer, séparent les frontières de ces différentes puissances, ces obstacles seront des fortifications naturelles, supérieures à tous les travaux de l'art ; mais si les lignes de démarcation sont établies au milieu de plaines fertiles, traversées par des communications faciles, il faudra suppléer par des travaux d'industrie à ces défenses naturelles.

Des retrànchemens continus, ou murailles non interrompues, comme celle qui borne la Chine au nord, seraient des ouvrages trop dispendieux, trop difficiles à garder dans toute leur étendue; et il suffirait que l'ennemi les eût forcés en un point, pour qu'il en fût le maître partout. Le besoin et la réflexion ont bientôt fait sentir, qu'il vaut mieux se borner à garder les points principaux par des places isolées; dans lesquelles on rassemble tous les moyens nécessaires à une défense locale, et qui, quoique séparées, n'en font pas moins l'effet d'une ligne continue : parce que si l'ennemi voulait pénétrer dans les intervalles, il se trouverait exposé à être harcelé sur ses derrières, et coupé par les garnisons de ces places, qui se répandraient dans ces intervalles, et rendraient la retraite impossible ou du moins très périlleuse.

De semblables points d'appui ne sont pas même inutiles au plus fort, parce que les autres puissances pourraient à son insu former des coalitions contre lui, l'attaquer à l'improviste, ou profiter de quelques troubles intérieurs dans ses états, les susciter même, pour y empêcher les levées, et l'organisation exacte qu'exige toute force armée, quelque nombreuse qu'elle soit.

de celui - ci , augmenterait encore sa force com-
parative, et produirait , par conséquent, l'effet dia-
métralement opposé à l'équilibre qu'il s'agit de maintenir.

Il faut savoir maintenant, si les places telles qu'elles
existent, telles que nous savons les défendre dans
l'état actuel des choses , remplissent cette condition fondamentale. Or l'expérience prouve le contraire; car par le relevé des journaux de tous les
siéges modernes, nous voyons que, sauf quelques exceptions rares, dues à des circonstances particulières,
nos places médiocres ne peuvent tenir plus de 20 jours,
et les meilleures plus de 40 jours (*) : intervalle qui

(*) M. de Vauban calcule les munitions nécessaires tant pour l'assiégeant que pour l'assiégé , sur le pied de trente jours à peu près , de
tranchée ouverte; M. de Cormontaingne , sur le pied de 20 à 40 jours ,
suivant la grandeur des places. Personne ne doute cependant que nos
places du premier ordre , telles que Lille ; Metz, Strasbourg , Luxem-
bourg, Bergopzoom , ne puissent tenir beaucoup plus long-temps , et l'expérience le prouve. Mais ces exceptions sont en très petit nombre , et
viennent de ce que ces places ont des enceintes redoublées , ou des manœuvres d'eau, ou d'autres avantages tirés de la nature du site, ou enfin
de ce qu'elles sont contreminées ; mais surtout de ce qu'en temps de siége
elles sont toujours pourvues d'une garnison vigoureuse, et de tous les approvisionnemens dont elles ont besoin pour une longue résistance. Il n'en
est pas moins vrai de dire qu'en général, dans le mode actuel de défense , la durée moyenne des siéges est de 30 jours au plus ; et c'est M. de
Cormontaingne lui-même qui pose en principe que le *maximum* est de
40 jours.

ne suffit point pour rassembler des forces imposantes ;
surtout si les armées se trouvent employées à des expé-
ditions lointaines. : : : : : : : : : : : : : : : :

Il n'en était pas ainsi autrefois : les places fortes se
défendaient pendant des années entières, et le plus
souvent, après de vains efforts, l'assiégeant se voyait
obligé de lâcher prise, avec une armée totalement
ruinée. Le siége d'une place était donc alors une
opération décisive, aussi bien pour celui qui l'entre-
prenait, que pour celui qui avait à le soutenir.

Tel était l'état des choses lorsque parut M. de
Vauban : elles changèrent bientôt de face ; Vauban créa un nouvel art des attaques, aucune place
ne put tenir contre ses procédés ; toutes succombè-
rent au terme à peu près dont nous avons parlé ci-
dessus. :

Mais cet illustre ingénieur, toujours occupé de
l'attaque, ne fit rien d'important pour la défense : il
construisit, à la vérité beaucoup de places neuves ;
mais presque toutes avant que d'avoir fait ses grandes
découvertes sur la science des attaques : elles ne furent
donc pas disposées pour contre-balancer l'ascendant de
son nouvel art, et ces nombreux monumens firent
seulement connaître les ressources du génie de leur
auteur, pour adapter la fortification au terrain, et
profiter de ses avantages naturels ; mais elles ne ré-

tablirent point l'équilibre que M. de Vauban avait rompu lui-même, et laissèrent, pour ainsi dire, regretter l'inexpérience où l'on avait été jusqu'alors.

Ses successeurs ont cherché à rétablir cet équilibre sans y avoir réussi; et de leur aveu, les changemens qu'ils ont faits à sa manière de fortifier, ne procurent pas aux places fortes une résistance sensiblement plus grande, que celle qui avait lieu auparavant.

Cette branche de l'art militaire est donc restée inférieure aux autres, et l'on sent chaque jour le besoin de travailler à la rétablir dans le rang qu'elle a perdu.

Malheureusement, les talens supérieurs des hommes qui s'en sont occupés sans succès remarquables, ont conduit à la persuasion commune que la chose est impossible. M. de Vauban lui-même, obligé de changer de rôle sur la fin de sa vie, et de chercher de nouveaux moyens de défense, n'a laissé sur cela qu'un petit nombre d'idées éparses; et les travaux qu'il fit exécuter alors, portent le caractère d'imperfection de tous les arts naissans. Sa méthode des attaques avait eu pour objet et pour résultat, de ne pas laisser sur les remparts un seul point qui fût habitable pour les défenseurs, et où l'on pût conserver une pièce d'artillerie. Il voulut alors rendre à l'assiégé ce qu'il lui avait ôté;

il renouvela pour le mettre à couvert, l'emploi des casemates qu'on avait abandonnées, il en fit établir d'une construction particulière à Landau et à Neuf-brisach; mais elles n'atteignirent qu'imparfaitement le but qu'il s'était proposé, et laissèrent seulement voir quelles avaient été ses intentions.

Ses disciples, au nombre desquels M. de Cormon-taingne tint le premier rang, tout en affectant la plus scrupuleuse fidélité aux principes de leur maître, ex-clurent néanmoins précisément celui de ces principes, que M. de Vauban avait regardé comme seul capable de rétablir l'équilibre perdu; les casemates furent aban-données de nouveau, et décidément bannies des forti-fications modernes. On imagina un nouveau système qui fut annoncé comme une simple modification de celui de Neufbrisach, quoiqu'il en différât par ce point essentiel; on établit des formules pour calculer la durée probable des siéges, suivant la nature de leur tracé seulement, et sans y tenir aucun compte, ni des actes de vigueur que peut faire une garnison, ni des moyens que peut procurer la disposition des ouvrages, soit pour favoriser les coups de main, soit pour mettre l'artillerie à couvert; on décida, d'après ces formules, qu'on avait atteint le *maximum* de la perfection, et il fut en quelque sorte interdit d'autorité aux jeunes officiers du génie, de se livrer à de nouvelles recherches

sur la même question. C'est ainsi que cette branche de
la science militaire devint une sorte de transaction
tacite entre l'assiégeant et l'assiégé ; que des retirades
méthodiques fixèrent l'époque précise de la capitulation pour chaque ordre de forteresses; que ce ne fut
plus l'art de défendre les places qui fut enseigné dans
les écoles, mais celui de les rendre honorablement,
après certaines formalités convenues.

Une réflexion bien simple aurait dû cependant faire
reconnaître tout de suite le peu de solidité des bases
de ce calcul; c'est qu'il est établi en principe dans l'art
militaire, et prouvé par un grand nombre d'expériences, que toute place qui peut être ravitaillée à
volonté, comme le sont ordinairement les ports de
mer, est toujours très difficile à prendre, quel que
soit d'ailleurs le tracé de sa fortification. Il n'est donc
pas vrai que ce tracé soit le seul ni même le principal
élément de la défense. C'est au contraire un élément
très secondaire; le principal, comme on le voit par le
fait que nous venons de rapporter, consiste dans la
force de la garnison et le matériel des approvisionnemens.

M. de Montalembert, qui n'était point astreint à la
discipline des officiers du génie, ressuscita le système
des casemates qu'avait voulu introduire M. de Vauban,
mais sur des bases toutes différentes et beaucoup plus

étendues; elles ne furent plus dans sa fortification une espèce d'accessoire, mais le principe fondamental de toutes ses constructions; il prouva par des grandes expériences, que les défauts qui les avaient fait proscrire pouvaient être corrigés, et que l'usage en était facile. Cette découverte fit époque, elle fut combattue avec d'autant moins d'urbanité par les antagonistes de M. de Montalembert, que la raison n'était pas de leur côté.

Mais M. de Montalembert, quoique d'un esprit inventif, ne tira de sa découverte aucun parti avantageux; et les applications qu'il en fit à la composition d'un grand nombre de systèmes, ne furent point heureuses. Il se fia trop à la multitude de ses feux casematés pour empêcher les approches de l'ennemi; il ne les déroba point aux batteries de la campagne, qu'il prétendit faire taire avec les siennes; sans prendre garde, que quand même il aurait eu la supériorité du nombre des canons, les clefs de ses voûtes battues de plein-fouet, ne pouvaient manquer d'être bientôt détruites, sans qu'il pût les rétablir, et que la quantité seule des munitions qu'il aurait fallu consommer pour arrêter les progrès de l'ennemi, était un obstacle invincible à l'adoption de ses systèmes. Cependant la vérité fondamentale a surnagé, et les casemates sont généralement reconnues aujourd'hui par les ingénieurs eux-mêmes,

comme , l'unique moyen , de conserver l'artillerie ,
et de sauver les défenseurs , sans lesquels une place ,
quelque parfaite qu'elle soit par elle – même , n'est
plus qu'un corps sans ame, une machine sans mo-
teur.

Mais, à quoi serviront ces casemates, si l'on ne parvient à les dérober aux vues de l'ennemi? Et si on ne les
empêche d'être vues par l'ennemi, comment le verra-
t-on soi-même , puisqu'il est évident qu'on ne peut
voir sans être vu? Comment fera - t - on feu sur lui,
sans recevoir ses coups réciproquement ? Comment
enfin , pourra - t - on l'arrêter ou seulement ralentir
sa marche ? Voilà le problème qui est maintenant à
résoudre, et dont M. de Montalembert ne s'est point
occupé.

La solution de ce problème est cependant fort simple ,
et c'est l'un des deux points principaux qui servent de
base à ma nouvelle doctrine. Cette solution s'obtient
tout simplement , en substituant des feux courbes ou
verticaux, tels que celui des mortiers et des pierriers,
au feu direct des canons et de la mousqueterie. Car
les premiers peuvent ; étant casematés, tirer par-dessus
les parapets qui les dérobent aux vues de la campagne,
se trouver ainsi à l'abri de tous les coups , et néanmoins
aller chercher l'ennemi derrière ses épaulemens, tandis
que des feux directs, tels que ceux qui font la base de

la défense actuelle, sont nécessairement aperçus de tous les points qu'ils peuvent découvrir eux-mêmes ; que le plus souvent ils sont battus par plongée, d'enfilade et de revers, et qu'enfin ils ont à lutter contre la force toujours supérieure de l'assiégeant, qui, masqué par des parapets contre ces feux directs, ne leur laisse presque aucune prise.

Mais la solution de cette première difficulté ne suffit point pour détruire l'effet des attaques de M. de Vauban ; car sa méthode consiste à marcher avec peu de monde, à s'avancer pied à pied, à cerner et envelopper peu à peu par ses lignes toujours bien liées entre elles, toujours bien soutenues les unes par les autres, toutes les défenses de la place; sans jamais brusquer les attaques, tant qu'il peut s'en dispenser; sans jamais rassembler sur un même point une grande masse de forces ; sans jamais compromettre comme on le faisait avant lui, par des coups de main hasardés, une portion considérable de son armée. Marchant toujours avec circonspection, toujours couvert par ses épaulemens, le feu de la place ne peut lui atteindre dans ses têtes de tranchée, que par hasard un petit nombre de travailleurs, qu'il fait remplacer aussitôt; et c'est avec cette marche compassée et lente en apparence, qu'il abrège pourtant d'une manière inimaginable la durée des siéges; qu'il en atténue prodigieusement le danger pour l'assiégeant, et qu'il rend le succès de ses opérations infaillible.

Peu de personnes paraissent avoir saisi le véritable esprit de ce système des attaques de M. de Vauban ; peu ont remarqué en quoi précisément consiste le caractère qui le distingue de la méthode pratiquée avant lui, et c'est ce qui fait sans doute, qu'on n'a pas trouvé le véritable genre de défense qu'il convient d'opposer à ce système d'attaques. M. de Vauban lui-même semble croire que la place doit toujours finir par être prise, et que l'assiégé ne peut se promettre autre chose que de retarder plus ou moins la marche de l'ennemi. Ce préjugé pouvait en quelque sorte paraître légitime, chez un homme accoutumé à ne trouver jamais d'obstacle insurmontable ; mais son influence n'en a pas été moins nuisible, en ce qu'elle a détourné les idées du noble but qu'elles doivent se proposer, qui est la levée du siége, et les a retenues dans cet esprit de chicanes et de retirades successives, qui n'a été que trop bien suivi depuis cette époque. On s'est persuadé naturellement que le mode de défense devait se conformer à celui des attaques ; que puisque celles-ci procédaient pied à pied, il fallait que l'autre fît de même. On peut assurer que cette méprise est la cause primitive de cette infériorité constante où est resté l'art défensif ; il est certain au contraire qu'en principe général, il faut que l'assiégé opère toujours en sens inverse de l'assiégeant ; que contre les attaques de vive-force, il doit se défendre pied à pied, et que contre les attaques faites pied à pied, il doit se défendre de vive-force. Car , si l'ennemi se trouve en force sur les avenues de la place, il serait absurde d'aller lui présenter le combat avec une garnison qu'il faut infiniment ménager ; mais c'est alors que, comme il offre une grande prise aux projectiles, il faut l'en accabler. Au contraire, s'il n'a que des travailleurs mal soutenus dans les têtes de sapes , c'est alors que la multitude des projectiles tomberait à vide , tandis qu'avec de légers détachemens , il sera facile d'être partout plus fort que l'ennemi , de tuer ou disperser ses travailleurs, et de culbuter leurs travaux.

Mais mon objet dans ce Discours est simplement de faire voir comment , dans le système des attaques de M. de Vauban, on peut contraindre l'assiégeant, malgré ses principes contraires, à venir se présenter en masse sur les avenues de la forteresse , sous le feu voisin de toutes les casemates à feux verticaux dont nous avons parlé ci-dessus , et comment, par conséquent, il se trouve forcé d'éprouver toutes les pertes qu'a voulu lui faire éviter M. de Vauban. C'est la solution de ce nouveau problème, qui fait le second point fondamental de la nouvelle doctrine que j'essaie ici d'établir.

Cette solution s'obtient en pratiquant sur toutes les avenues de la place, un grand nombre de débouchés faciles et d'une retraite assurée, afin de pouvoir se porter à volonté et subitement sur chacun de ces points environnans. Car alors, si l'ennemi se contente de mettre quelques travailleurs dans les têtes de sape, on fera sur eux, comme on vient de le dire, des sorties brusques d'un petit nombre d'hommes, pour tuer les travailleurs, et détruire leur ouvrage; et si au contraire l'ennemi met beaucoup de forces à proximité pour soutenir ces travailleurs, on aura rempli l'objet qu'on s'était proposé, celui d'attirer l'assiégeant en masse, sous l'immense quantité des feux verticaux couverts, dont j'ai parlé ci-dessus.

Le nouveau mode de défense consiste donc dans ce jeu alternatif des sorties et des feux verticaux; de manière que l'ennemi ne puisse éluder ceux-ci sans s'exposer à celles-là, ni se mettre en mesure contre les premières, sans se faire accabler par les autres.

Je suis loin de prétendre cependant, qu'on doive exclure de la défense des places l'emploi des feux directs. Il en faut pour contrarier l'établissement des premières batteries; il en faut pour surprendre l'ennemi, en les portant sans préparation, tantôt sur un point, tantôt sur un autre; il en faut encore, pour être mis sur-le-champ en batterie, lorsque l'ennemi

vient à masquer son propre feu par ses nouveaux logemens; il en faut enfin, pour balayer les fossés,
lorsque l'ennemi veut surprendre la ville, ou tenter
une escalade. Mais toutes ces choses n'ont lieu que par
momens. Pour la marche régulière, il faut une autre
espèce de tir, qui puisse aller chercher l'ennemi dans
le fond de ses tranchées, c'est-à-dire, qu'habituelle-
ment alors, ce sont les feux verticaux qui doivent
jouer le rôle principal, et que les feux directs n'y sont
que secondaires.

Il est vrai que nos fortifications aujourd'hui existantes, ne sont guère disposées pour remplir la double
intention des feux verticaux casematés et des coups
de main; parce que d'une part, elles manquent
entièrement d'abris pour l'artillerie et pour les
défenseurs, et que de l'autre, elles n'offrent pour
communications et pour faire les coups de main
dont nous venons de parler, que des défilés étroits,
dont l'ennemi observe les débouchés, et qu'il détruit
facilement. Mais on peut, par quelques travaux du
moment, multiplier et agrandir ces débouchés suivant
les localités, et suppléer aux casemates par des
blindages. J'ai discuté au long dans l'ouvrage même,
ces défauts et beaucoup d'autres qui sont inhérens
à la fortification actuelle, et j'ai proposé les moyens
d'y remédier, soit dans le cas de forteresses neuves

c

à construire, soit dans le cas où il s'agit seulement de
corrections ou de modifications à faire aux anciennes
places. Dans ce Discours préliminaire je me borne à ce
qui regarde l'acte même de la défense proprement
dite, sans m'occuper des constructions. J'observerai
seulement que dans le système de fortifications appelé
moderne, bien loin de remédier aux deux défauts ma-
jeurs dont nous venons de parler, on n'a fait que les
aggraver; 1°. en en proscrivant absolument les feux
couverts ; 2°. en multipliant les barricades qui séparent l'assiégé de son ennemi, de sorte que les retours
offensifs sont devenus encore plus difficiles qu'autrefois. On y est donc réduit pour toute défense, au feu
direct dont nous avons fait voir la presque nullité.
Aussi on peut accorder à M. de Cormontaingne,
que ses calculs, fondés sur cette hypothèse, sont
réellement applicables à son propre système dont ils
démontrent la faiblesse ; mais ils ne le sont nullement
au nouveau mode qu'il n'avait pu prévoir dans ses
formules, absolument étrangères à l'alternative des
deux moyens essentiels sur lesquels est fondé ce nouveau système de défense.

Ce sont les développemens de ce que nous venons
de dire, les preuves détaillées, les applications, les
diverses conséquences qui en dérivent, qui font le sujet
de l'ouvrage que j'ai entrepris ; ainsi pour fixer les

idées sur le but précis de cet ouvrage, et afin qu'on n'y cherche pas ce que je n'ai pas eu la prétention d'y mettre, je dirai que c'est simplement, *l'exposé des changemens qui me paraissent devoir être faits, aux méthodes actuellement pratiquées dans la construction et la défense des places.* Tel est le cercle dans lequel je me suis renfermé; mon but n'étant pas d'enseigner ce qui se fait, mais ce que je crois qui doit se faire (1). Ce que j'ai dit de plus n'est que pour la liaison des idées, et pour mettre de l'ensemble dans les principes.

Quelque certaines, au surplus, quelque palpables que soient les vérités que je viens d'établir, ce serait méconnaître la marche ordinaire de l'esprit humain, que de penser qu'elles seront accueillies sans éprouver de longues contradictions; elles auront le sort de toutes les autres vérités; elles seront long-temps repoussées, elles le sont d'avance. La force seule des choses en amènera un jour l'adoption plus ou moins tardive.

« La coutume, *dit le général Lloyd*, est un tyran

(*) Ceux qui veulent connaître à fond ce qui se pratique réellement aujourd'hui dans la construction, l'attaque et la défense des places, ne peuvent mieux faire que de consulter l'ouvrage de M. de Bousmard, en quatre volumes in-4°, et un atlas in-folio de planches.

» plus impérieux que tous les despotes de l'Orient. Il
» n'y a point d'argument direct, qui puisse arracher
» des esprits une opinion bien ou mal fondée ; c'est au
» temps seul, aidé de quelques circonstances favorables,
» à la sécher dans ses racines. On se donne bien de la
» peine, pour ne gagner que de la haine, quand on
» entreprend de démontrer à un homme, qu'il est
» dans l'erreur, et que son opinion est absurde. »

Ces observations du général Lloyd, quoique faites
avec un peu d'aigreur, n'en sont pas moins vraies et
de tous les pays.

Quelques objections m'ont été faites sur les premières éditions : j'ai répondu en peu de mots dans
celle-ci à ces objections, qu'il m'eût suffi peut-être
d'énoncer, pour en faire sentir la petitesse et le ridicule.

Mais il en est une sur laquelle je me crois obligé
d'entrer ici dans quelques développemens, parce
qu'elle a séduit des personnes de bonne foi, et je re-
connais qu'en effet, je n'avais pas donné sur cela, dans
les premières éditions, des explications suffisantes. Il
s'agit du sacrifice d'hommes qu'exige en apparence le
nouveau mode de défense proposé. Ce sacrifice au
contraire, comme on va le voir, n'est pas, à beaucoup
près, aussi considérable que dans le mode actuel ; et
c'est ici même que se trouve le résultat le plus important

de la nouvelle doctrine. Pour s'en convaincre, il suffira d'analyser succinctement, et de comparer les deux méthodes.

Dans le mode actuel, l'artillerie et les défenseurs sont rangés tout à découvert sur les remparts, occupés à faire perpétuellement un feu très inutile, puisqu'ils ne font que tirer devant eux, sur un ennemi qu'ils ne voient pas, et qui leur est dérobé par des épaulemens, où vont s'enterrer les balles et les boulets qu'on lui envoie.

Mais si le feu de la place est insignifiant pour le succès de la défense, celui de l'assiégeant ne l'est pas contre elle. Il enfile toutes les branches des ouvrages par des ricochets, et si quelqu'obstacle s'oppose à l'établissement de ces ricochets, il écrase ces mêmes ouvrages par des pierres et des bombes, au point que deux ou trois jours lui suffisent pour démonter toute l'artillerie des remparts, tuer ou estropier la plus grande partie des défenseurs, briser les palissades, et balayer en un moment tout ce qui ose encore se montrer. Alors n'ayant plus rien à craindre, pas même ce vain bruit qu'avait pu faire l'assiégé d'abord; l'assiégeant vient planter ses batteries sur le haut du glacis, fait brèche en 36 heures au mur le plus épais, et la place est forcée de se rendre sur-le-champ; à moins que par une sorte de fanatisme de bravoure, la garnison ne prenne le parti extrême de soutenir un assaut, dont le mauvais succès peut entraîner le massacre de la population tout entière. Telle est l'histoire de tous les siéges, depuis la méthode des attaques imaginées par M. le maréchal de Vauban. Voyons maintenant quels sont les procédés de la nouvelle défense proposée.

. D'abord dans ce nouveau mode, du moment que l'assiégeant a établi ses batteries au milieu de la campagne, il ne doit plus paraître sur les remparts ni un seul homme ni une seule pièce de canon. Tout est retiré dans des casemates ou sous des blindages, d'où l'assiégé se contente de tirer à ricochet sur les tranchées et le long des capitales, en attendant que l'ennemi s'approche assez pour se trouver sous la portée de ses pierriers casematés, c'est-à-dire, sur le glacis même de la place. Alors si cet ennemi se présente en force, l'assiégé met en jeu tous les pierriers et l'accable de projectiles, sans que les coups de l'assiégeant puissent tomber sur qui que ce soit de la place, sinon par un hasard qu'on ne saurait prévoir.

Si au contraire l'assiégeant se borne à pousser des têtes de sape, dans lesquelles il y ait seulement quelques travailleurs; on forme une multitude de petits détachemens, qui partant à l'improviste, pendant qu'on suspend l'action des pierriers, marchent rapidement sur les têtes de sape, tuent les travailleurs, culbutent leurs tranchées, et sont revenus avant que l'ennemi, dont le système supposé alors , est de se tenir hors de la portée des feux verticaux, ait pu venir au secours de ces travailleurs. Telle est la marche prescrite à l'assiégé , depuis le commencement du siége jusqu'à la fin.

Je demande maintenant , laquelle de ces deux méthodes est la plus sûre pour les défenseurs et la plus meurtrière pour l'assiégeant? Il ne faut pas être bien savant pour répondre à cette question.

Sans doute il faut de la valeur et de l'industrie tout ensemble, pour conduire une défense telle que je viens de la proposer ; il faut de la valeur pour les coups de main multipliés qui doivent avoir lieu à l'attaque continuelle des têtes de sape ; il faut de l'industrie pour saisir le moment convenable, prendre l'ennemi sur le temps, mettre l'artillerie et les hommes à couvert, lorsqu'ils ne sont pas employés à ces attaques: mais n'est-il pas évident que ces deux élémens incontestables de toute bonne défense, la valeur et l'industrie, sont ici combinés de la manière la plus avantageuse ? tandis que dans les procédés ordinaires, ils le sont sans fruit ; que le second y manque absolument, et que le mauvais emploi du premier ne fait qu'accélérer la perte totale de l'assiégé.

La méthode proposée est fondée sur les coups de main; elle consiste essentiellement à convertir le système général de la défense en une série d'attaques partielles : mais remarquons que ces coups de main se font toujours en opposant le fort au faible, un détachement de gens armés contre un groupe de travailleurs surpris et peu ou point soutenus ; remarquons que ces attaques partielles n'ont jamais lieu au loin, que la scène se passe toujours sur le glacis et sous le feu immédiat de la place; que si l'ennemi y vient, il est accablé de feux verticaux, que s'il n'y vient pas, on n'a rien à en craindre, et qu'on reste alors maître du champ de bataille.

L'expérience prouve qu'on court bien moins de risque en faisant par intervalle des incursions momentanées pour surprendre l'ennemi, qu'en demeurant toute une journée collé derrière un parapet, enfilé et plongé de toutes parts ; et cependant la première manœuvre produit un tout autre effet que la seconde, au moral aussi bien qu'au physique. Elle entretient le courage, elle soutient la confiance qui est le gage de la victoire. Le caractère national du Français est d'attaquer toujours ; il gagne de l'audace en allant à l'ennemi; il en perd s'il attend ; un rôle passif ne lui convint jamais. Pourquoi ne ferait-on pas usage de ces données dans la défense des places, aussi bien que dans la guerre de campagne? C'est une grande erreur que de négliger, dans un calcul, ces résultats, d'une longue suite de faits.

Dans le système actuel des retirades méthodiques, la perte de la place est inévitable ; dans le nouveau système, au contraire, on n'est jamais forcé de la rendre, aussi long-temps qu'on a des hommes, des subsistances et des munitions ; parce qu'on ne perd pas un seul point du théâtre de la défense rapprochée , qu'on ne le reprenne aussitôt, et avec moins de perte d'hommes, que s'il avait fallu le défendre quelques heures seulement de pied ferme. La valeur est donc mieux employée dans le nouveau mode, mieux secondée par l'industrie.

La valeur et l'industrie sont les deux élémens de la défense, et chacune fait le sujet d'une des parties de mon ouvrage. C'est dans la première de ces deux parties, que j'ai cité une multitude d'exemples de siéges anciens et modernes, pour faire connaître combien le premier de ces élémens influe sur la défense des places, combien il est fécond en ressources, combien il prête de secours à l'industrie elle-même.

Ce serait cependant prendre le change, que de considérer ces exemples comme des règles à suivre littéralement. Ils ne sont tels, ni sous le rapport de l'industrie, ni même sous celui de la bravoure. Sous celui de

d

l'industrie, quoiqu'ils suggèrent une foule de strata-
gèmes toujours utiles, ils offrent néanmoins en général
des procédés trop inférieurs à l'état des connaissances
actuelles : sous celui de la bravoure, ils n'offrent point
une conduite suffisamment tempérée pour les mœurs
de notre siècle ; ils se ressentent de la barbarie que les
cordons de places fortes ont eux-mêmes infiniment
contribué à bannir de l'art militaire. L'opinion générale
se révolterait contre les fureurs qu'ont souvent inspi-
rées dans la défense des places anciennes, l'aveuglement
des prétentions et les haines personnelles. Ce n'est plus
là du courage, car le courage est généreux ; il sait
faire le sacrifice de ses ressentimens, et reconnaître
les lois de la nécessité.

La ligne de démarcation qui existe entre la bravoure
qui fait la gloire des héros, et la férocité qui déshonore
les faux braves, est tracée dans les cœurs. Les lois
positives qui doivent toujours être les interprètes de
l'opinion des sages, la déterminent clairement ; elles
assignent le terme auquel un gouverneur peut se rendre,
et je dirai même qu'alors il le doit ; car elles ne
l'autorisent point à faire égorger la population d'une
ville confiée à sa surveillance. Elles ont marqué l'ouverture du dernier retranchement pour le terme de la
capitulation, mais elles exigent de lui qu'il se hâte de
faire ce retranchement, et qu'il défende tout ce qui

est en avant jusqu'à son dernier soupir. La loi exige des défenseurs tout ce qui est dans l'ordre des choses possibles; exiger plus qu'elle, c'est vouloir qu'elle ne s'exécute pas.

Il n'y a aucune contradiction, à poser en principe qu'une place ne doit jamais se rendre, tant qu'elle est pourvue d'hommes, de vivres et de munitions, et à fixer néanmoins pour terme de la défense, l'ouverture de la brèche au dernier retranchement. C'est qu'en effet, cette brèche ne peut jamais avoir lieu, si la place est bien défendue. Car pour faire brèche au retranchement, il faut que l'ennemi dresse sa batterie sur l'enceinte du corps de place; or cette batterie sera ou ne sera pas soutenue; si elle n'est pas soutenue, elle doit être enlevée sur-le-champ d'un coup de main par la garnison; et si elle l'est, elle sera écrasée ainsi que le détachement qui la soutient, par les feux verticaux sans nombre, qui doivent être blindés ou casematés derrière le parapet du retranchement. C'est la brèche au corps de place qui doit être défendue à toute extrémité, en la défendant ainsi, on empêchera qu'il n'en soit fait une au retranchement, et le salut des habitans ne sera jamais compromis. En posant donc en principe que la place ne doit point se rendre, on ne fait qu'imposer aux commandans l'obligation de la défendre avec toute la bravoure dont ils sont capables, et avec tous les moyens d'indus-

trie dont ils ont pu acquérir la connaissance, par une
constante application à des devoirs d'une si haute
importance.

Il serait trop long de faire voir ici, combien sous
divers autres rapports, le nouveau système de défense,
épargne de rigueurs et de dévastations gratuites. J'observerai seulement, comme ce qu'il y a de plus remar-
quable à cet égard, que, comme il concentre toute la
défense sur le glacis même, il n'exige plus ni le rase-
ment des maisons qui sont au-delà sous le canon de
la place, ni l'incendie des faubourgs; que l'expulsion
même des bouches appelées inutiles, n'est plus une
chose qui doive paraître indispensable, d'après le mode
d'approvisionnemens qui dérive des principes géné-
raux établis.

Ce n'est donc point au système que je propose, mais
au système que je combats, qu'il faut imputer de
sacrifier inutilement les hommes et les choses. Suivant
ce dernier, le mérite d'une forteresse doit se mesurer
uniquement par la durée probable du siége, sans aucun
égard aux pertes respectives des deux parties belligé-
rantes : il vaut mieux pour l'assiégé, dans ce système,
retarder d'un jour la marche des attaques, que d'anéantir
la moitié de l'armée ennemie; il vaut mieux gagner
une heure que de sauver la moitié de la garnison. On
ne calcule que le temps : faut-il être étonné que les

sectateurs d'une pareille doctrine se mettent si peu en peine de procurer des abris à leurs défenseurs, et qu'ils n'imaginent rien de mieux que d'entasser chicanes sur chicanes ?

Mais malheureusement tous ces petits moyens ne remplissent point l'objet qu'on s'en était promis : ils ne retardent en aucune manière la perte de la place, qui suit nécessairement toujours celle de ses défenseurs. Le seul moyen de retarder cette perte, de l'empêcher, lorsqu'elle peut être empêchée, est donc de tourner ses vues sur la conservation de ces mêmes défenseurs, et la plus grande destruction des ennemis. Or, c'est assurément ce qu'on n'obtiendra pas, en abandonnant ces défenseurs à toute la fureur des batteries dont ils sont plongés et enveloppés par l'ennemi ; pendant qu'au contraire, celui-ci demeure dans ses tranchées, inaccessible à tous les coups directs, les seuls qu'on ait résolu de lui porter. Il est évident que c'est justement le contre-pied de ce procédé qu'il faut prendre ; qu'il faut donner des abris aux défenseurs, aller chercher l'ennemi au fond de ses tranchées par des feux plongeans, et empêcher en même temps, qu'il ne puisse en éluder les effets : que pour cela il faut le contraindre à s'accumuler dans ces mêmes tranchées, et à y demeurer constamment en force, par la crainte de voir à chaque moment ses sapes surprises et ses travaux détruits par des coups de main inopinés. Or telle est dans son ensemble la nouvelle marche proposée.

Ces moyens, dira-t-on, ne sont-ils pas employés; ne fait-on pas des sorties; n'a-t-on pas des pierriers pour la défense des places?

Oui; on fait des sorties, et l'on a des pierriers; mais ces moyens sont infiniment secondaires dans la défense actuelle, tandis qu'ils doivent en faire le moyen principal. On fait des sorties grandes et rares; il faut qu'elles soient au contraire petites et fréquentes; et que pour en assurer l'effet, il y ait sur toutes les avenues de la place, une multitude de débouchés : or ces débouchés n'existent pas. On a quelques pierriers; mais il en faut un très grand nombre, il faut qu'ils soient rendus indestructibles, et pour cela il faut des abris blindés ou casematés; or il n'y a point de semblables abris. Ce sont les demi-moyens qui perdent tout, qui discréditent les meilleures choses, qui font échouer tous les projets, et qui ne font jamais qu'aggraver le mal en tous genres.

Les contre-mines, dira-t-on encore, sont depuis longtemps considérées comme méritant la préférence sur tous les autres moyens connus, pour rétablir autant que possible l'équilibre entre l'attaque et la défense; ne vaudrait-il pas mieux employer ce moyen que ceux que vous proposez? Sur cela j'observe, 1°. qu'un des moyens n'empêche pas l'autre, et qu'au contraire ces deux moyens se secondent très efficacement l'un l'autre ; 2°. que malgré l'utilité bien reconnue des contre-mines, et les avantages réels qu'on en a tirés dans quelques occasions, l'expérience n'a pas en général répondu aux grands effets qu'on s'en était promis ; 3°. qu'au contraire depuis l'invention des mines surchargées et de la suppression possible du bourrage, la guerre souterraine paraît être un nouveau moyen d'abréger encore la prise des places, plutôt qu'un moyen de prolonger leur défense ; 4°. que les grands systèmes de contre-mines n'existent presque nulle part et entraîneraient à des dépenses énormes, s'il fallait les établir ; 5°. que les grands systèmes qui s'étendent au loin dans la campagne, en leur supposant tout le succès possible, ne font que gagner du temps, mais sans contribuer efficacement à la destruction bien plus importante de l'ennemi, qui est encore trop éloigné ; 6°. que la guerre souterraine ne peut produire à la fois ces deux effets, savoir, le retard des progrès de l'assiégeant et sa destruction, lesquels ne peuvent avoir lieu que dans la défense rapprochée, en le retenant sous le feu voisin des remparts. Mais alors les simples fougasses produisent le même effet que des contre-mines préparées d'avance : et l'emploi de ces fougasses entre tout aussi bien dans notre nouveau plan de défense que dans le mode actuel.

Tel est le compte préliminaire que j'ai cru devoir rendre de mon Ouvrage, aux personnes dont on doit respecter l'opinion, et qui s'identifiant au bonheur de leur patrie, ne peuvent cependant approfondir toutes les questions qui s'y rapportent.

MÉMOIRE

SUR

LA FORTIFICATION PRIMITIVE,

POUR SERVIR DE SUITE

AU TRAITÉ DE LA DÉFENSE DES PLACES FORTES.

———————

Les premières fortifications furent probablement de simples
murailles, ou des terrasses revêtues, sans formes déterminées et
sans flanquement. La nécessité d'empêcher l'ennemi d'approcher du pied de ces murailles ou de ces terrasses, pour les saper
sans qu'on pût le voir d'en haut, fit successivement imaginer
les machicoulis, les tours, les lignes angulaires ou à redans, et
enfin la ligne bastionnée.

Mais l'énorme quantité d'artillerie employée dans la suite à
l'attaque des places, et surtout l'invention du ricochet, rendi-
rent à peu près inutiles ces remparts droits, derrière lesquels
étaient rangés les défenseurs, et il fallut songer à de nouveaux
moyens de conservation.

Alors on s'occupa d'améliorer le tracé ; on couvrit le corps de
place par un grand nombre de dehors ; on inventa l'art du défilement ; on mit à profit les accidens du terrain, pour se dérober
aux plongées de l'ennemi, pour prendre des revers sur les avenues de la place ; on construisit des retranchemens, des blindages, des casemates ; on mit en usage les contre-mines, les
lignes de contre-approche, etc. ; mais toujours sans succès re-

marquables : et l'attaque conserva sur la défense la supériorité qu'elle s'était acquise.

S'il est quelques moyens de rétablir l'espèce d'équilibre qui existait autrefois entre l'attaque et la défense, il me semble que ce doit être en convertissant le système général de cette défense en une série d'attaques partielles, en combinant les retours offensifs avec l'emploi des armes à feu, de manière à prendre toujours l'ennemi sur le temps; tellement que là où il est peu nombreux, on tombe sur lui à l'improviste par détachemens, et que là où sa sûreté l'oblige de se rassembler en grand nombre, on fasse pleuvoir sur lui une grêle de projectiles.

C'est ce principe que j'ai essayé de développer dans mon *Traité de la Défense des Places fortes,* ouvrage très imparfait sans doute, mais qui peut mettre sur la voie pour parvenir à des résultats plus importans.

Mais à ce sujet, une nouvelle réflexion se présente naturellement ; c'est de savoir si la fortification bastionnée ou angulaire en général est bien en effet la plus propre à favoriser cette combinaison, et si, en prenant pour base de la défense cette alternative, dont je viens de parler, des coups de main avec l'emploi des armes à feu, il ne serait pas plus avantageux d'en revenir, pour le fond, à ces anciens remparts circulaires, ou qui n'avaient aucunes formes déterminées. Telle est la question que je me suis proposé d'examiner ici.

Je diviserai ce que j'ai à dire sur cet objet en deux paragraphes : dans le premier je traiterai de la fortification primitive en général ; dans le second j'appliquerai les mêmes principes aux améliorations possibles du système bastionné.

PARAGRAPHE PREMIER.

De la Fortification primitive en général.

Le fléau de toutes nos fortifications modernes est le ricochet. Or le moyen le plus efficace pour l'éviter sur des remparts découverts paraît être de donner à la magistrale de ces remparts toute autre forme que la ligne droite; c'est-à-dire toute autre forme que celle qui lui est assignée par des systèmes bastionnés ou angulaires quelconques. Le seul changement des lignes droites en lignes courbes remédierait donc déjà en grande partie au plus grave des inconvéniens connus. Mais la chose est-elle praticable, sans donner lieu à d'autres inconvéniens plus graves encore? Voilà ce qu'il s'agit de savoir. Or il m'a paru que non-seulement ce changement était très possible, mais que, loin d'être nuisible, il devait au contraire procurer une foule d'autres avantages, tels que ceux de la simplicité, de l'économie, et surtout de la grande facilité qui en résulte de plier la fortification à tous les accidens d'un site irrégulier.

Pour fixer les idées, je supposerai d'abord que l'espace à fortifier soit absolument circulaire, et que la ligne magistrale ou cordon du mur d'escarpe du corps de place, soit une circonférence exacte.

Derrière ce mur d'escarpe circulaire j'établis un rempart en terre, composé d'un chemin des rondes, d'un parapet, et d'un terre-plein pour l'artillerie.

Ce corps de place est entouré d'un fossé, puis de deux couvre-faces concentriques, en avant l'un de l'autre, formant comme deux ceintures parfaitement circulaires, ayant chacune son mur d'escarpe, son chemin des rondes et son fossé. Le tout est enveloppé par un glacis ordinaire, au-delà duquel est un avant-fossé, que termine un mur de contrescarpe, toujours de forme circulaire et concentrique au corps de place.

D'après ce léger aperçu du nouveau système, je vais entrer dans tous les développemens nécessaires, au moyen du profil pris sur l'un quelconque des rayons de l'enceinte circulaire ; ce profil étant, par hypothèse, le même pour tous.

Soit AB (planche I, fig. 1) une ligne horizontale, que je suppose représenter le terrain naturel. A 12 pieds ou 4 mètres (*) au-dessous, je trace une seconde ligne horizontale, pour représenter le fond des fossés.

De ce fond des fossés s'élève le mur d'escarpe *ab* du corps de place, auquel je donne 24 pieds de hauteur, 6 pieds d'épaisseur, et que je suppose être vertical des deux côtés, c'est-à-dire sans talus ni retraites. Cette hauteur de 24 pieds est suffisante ici pour empêcher les surprises, parce qu'en avant du corps de place il y a deux autres enceintes revêtues, celles des deux couvre-faces, qu'il faudrait d'abord escalader.

Du sommet *a* du mur d'escarpe, je mène une droite horizontale *a*C, à laquelle je donne 10 toises ou 20 mètres de longueur : le point C représente la crête du premier couvre-face. De ce point C j'abaisse une verticale C*m* sur la ligne horizontale qui représente le fond des fossés ; puis, de ce point *m*, je porte en avant, sur cette même horizontale, 18 fois la hauteur C*m*, c'est-à-dire 72 toises ou 144 mètres ; ce qui détermine le point F. Je mène la ligne CF, que je nomme *ligne de plongée*. Cette ligne de plongée aura par conséquent 24 pieds de pente sur 144 mètres

---

(*) Dans ce Mémoire, comme dans le *Traité de la Défense des Places fortes*, j'ai fait usage indifféremment des mesures anciennes et des mesures nouvelles, parce que j'ai eu souvent à y parler des fortifications existantes qui ont été tracées sur les anciennes mesures. Au surplus, comme il ne s'agit pas ici d'une précision mathématique, je supposerai, en nombres ronds, que la toise est équivalente à deux mètres. Les dessins sont cotés en mètres seulement.

de longueur, ou 4 pouces par toise, qui est la pente ordinaire des glacis.

A 27 mètres en avant, dans le sens horizontal, je marque le point D, qui représentera la crête du second couvre-face; et à 27 autres mètres en avant de cette crête, je marque sur la même ligne de plongée le point E, qui représentera la crête du glacis.

Je donne 3 toises ou 6 mètres d'épaisseur au terre-plein de chacun des deux couvre-faces, et je suppose leurs talus inté-rieurs et extérieurs à terres roulantes. Quant au talus intérieur du glacis, je donne à sa base le double de sa hauteur, afin qu'on puisse y monter très facilement.

Par cette construction la crête du glacis se trouve élevée de 3 pieds au-dessus du terrain naturel, et par conséquent de 15 pieds ou 5 mètres au-dessus du fond du fossé. Ainsi la base de son talus est de 10 mètres.

En avant de chacun des deux couvre-faces, dans le fond des fossés qui les séparent entre eux et du glacis, sont des murs de 3 pieds d'épaisseur et 12 pieds de hauteur, éloignés chacun de 2 mètres du pied du talus des terres qui sont en avant. Derrière chacun de ces murs est un chemin des rondes qui le sépare du couvre-face qui est derrière, et auquel ce mur sert d'escarpe. Le terre-plein de ce chemin des rondes est de 6 pieds au-dessous du sommet de ce mur, afin que l'homme qui s'y trouve soit en-tièrement couvert par ce même mur, qui est crénelé; le long de son parement intérieur on place une quantité de dez de pierre ou de bois de 18 pouces de hauteur, pour exhausser le soldat lorsqu'il veut tirer ou jeter des grenades par-dessus ce mur.

A l'extrémité de la ligne de plongée, c'est-à-dire au point où elle rencontre celle qui représente le fond des fossés, je laisse sur le prolongement de cette dernière un espace de quelques toises, qui se règle d'après le besoin qu'on a de terres pour les remblais. Cet espace forme un avant-fossé continu, et tient lieu d'une grande place d'armes, faisant tout le tour de la forteresse en dehors du glacis. Enfin, cette place d'armes est couverte, du côté de la campagne, par un mur vertical de 3 pieds d'épaisseur, élevé depuis le fond du fossé jusqu'au terrain naturel. Ce mur, qui, par conséquent, aura 12 pieds de hauteur, est ce que j'appellerai *mur de contrescarpe*.

Derrière le revêtement du corps de place, que je suppose crénelé et de 6 pieds d'épaisseur, est le rempart en terre, composé d'un chemin des rondes, d'un parapet, et d'un terre-plein pour l'artillerie. Le chemin des rondes a 12 mètres de largeur, et son terre-plein est de 12 pieds au-dessous du sommet du revêtement; la crête du parapet en terre, qui est derrière, est élevée de 24 pieds au-dessus du terrain naturel, ou 36 pieds au-dessus du fond du fossé; la largeur de son terre-plein est de 3 toises ou 6 mètres, et son talus extérieur est à terres roulantes. Au pied de ce talus, dans le chemin des rondes, règne un contre-mur de 9 pieds de hauteur et 3 pieds d'épaisseur, pour arrêter les projectiles qui pourraient tomber sur le talus, et pour les empêcher de rouler dans le chemin des rondes. Le terre-plein pour l'artillerie est supposé de 15 ou 16 mètres de largeur, et de 8 ou 9 pieds au-dessous de la crête du parapet; derrière ce terre-plein sont supposés son talus et ses rampes. On communique du pied de ces talus intérieurs au fond du fossé du corps de place par des poternes.

Comme le canon placé sur ce terre-plein est peu ou point exposé au ricochet, à cause de sa forme circulaire, les pièces en batterie ne peuvent guère être atteintes autrement que par la bombe. Une fois que ces pièces sont établies, elles ne sont sujettes à aucun déplacement, à moins que, par hasard, quelques-unes d'entre elles ne viennent à être démontées, et qu'il ne faille en amener d'autres à leur place.

Le chemin des rondes forme une batterie basse qui fait tout le tour, et dans laquelle on établit une rangée continue de mortiers et de pierriers. On communique de plain pied de l'intérieur de la place à cette batterie basse par des passages souterrains pratiqués sous le rempart en, terre ; ce qui rend facile l'approvisionnement de cette batterie continue. Les créneaux percés dans le revêtement qui couvre le chemin des rondes servent pour les fusiliers et grenadiers, lorsqu'on suspend l'action des mortiers et pierriers. Ce revêtement n'étant, par la construction, éloigné que de 20 mètres de la crête du premier couvre-face, il est évident qu'on peut défendre ce couvre-face, depuis le chemin des rondes, par des grenades jetées à la main ; le second couvre-face est défendu de la même manière depuis le chemin des rondes du premier ; et enfin, la crête du glacis est encore défendue de même depuis le chemin des rondes du second couvre-face, avec des grenades lancées à la main, et qui vont tomber jusque dans le couronnement du glacis.

On fait au premier couvre-face une banquette de 2 mètres seulement de largeur, pour y mettre des fusiliers, tant que la batterie des pierriers qui sont dans le chemin des rondes du corps de place, n'est pas encore mise en jeu : le peu de largeur de cette banquette et sa forme circulaire la dérobent à l'action du ricochet ; et comme elle est commandée de 24 pieds par la batterie de canons du corps de place, le feu de cette artillerie et celui de la mousqueterie du premier couvre-face peuvent avoir lieu simultanément.

On communique d'une coupure à l'autre par des passages pratiqués sous les couvre-faces, voûtés à l'épreuve, et fermés par de doubles portes à l'entrée et à la sortie. L'objet de ces passages souterrains est, 1° de faciliter et assurer la libre circulation des défenseurs ; 2° de servir d'abris pour ceux qui sont destinés aux coups de main et petites sorties ; 3° de s'opposer aux entre-

. prises du mineur qui chercherait à faire sauter le couvre-face. Il
est essentiel de remarquer, à cet égard, que la seule fonction du
contre-mineur est d'aller sous terre au-devant de l'ennemi, pour
l'empêcher d'établir ses fourneaux ; mais qu'il doit bien se
garder d'en faire lui-même en cet endroit, puisque ce serait
détruire les garanties prochaines de son corps de place : il a tout
l'avantage sur l'ennemi en ne construisant point de fourneaux,
puisque son travail en est d'autant moindre, et qu'il n'a proprement qu'une simple surveillance à exercer.

Le talus intérieur du glacis, n'étant point revêtu, mais au
contraire à pente très douce, sert aux défenseurs à faire des
sorties brusques par-dessus la crête, quand ils veulent et où ils
veulent, en franchissant cette crête tout à coup, soit pour attaquer en flanc les tranchées faites sur le glacis, soit pour harceler
de front les têtes de sape : c'est un débouché continu qui occupe
tout le circuit de la place. La retraite est protégée par le mur
crénelé formant l'escarpe du couvre-face qui est derrière, et qui
tient lieu d'une palissade que le canon ne saurait rompre. Les
soldats, rangés derrière ce mur, ne masquent point le feu de
l'artillerie du rempart, non plus que celui de mousqueterie du
premier couvre-face ; et celui qu'ils font de leurs créneaux, joint
aux grenades qu'ils jettent, par dessus le mur, dans les têtes de
sape de l'ennemi, empêche que celui-ci ne puisse couronner le
glacis pied à pied. Si c'est de vive force qu'il veuille opérer le
couronnement, il faudra que ce soit sous le feu direct du canon
de la place, sous celui de la mousqueterie rangée sur la banquette du premier couvre-face, et sous celui des grenades qui lui
seront jetées à la main du chemin des rondes du second couvre-
face, tous ces feux pouvant avoir lieu simultanément.

Il en faut dire autant du mur crénelé qui est dans l'autre
coupure. Chacun de ces murs peut être considéré tout-à-la-fois,
à l'égard du couvre-face qui est derrière, comme un revêtement

d'escarpe, auquel il faut nécessairement faire brèche avant de pouvoir donner l'assaut ou faire son logement à la sape ; et, par rapport au couvre-face ou au glacis qui est en avant, ce même mur produit l'effet d'une palissade que l'ennemi ne peut briser par le ricochet, et qui l'empêche d'y établir son logement.

Pour apprécier les effets de ce genre de défense, il faut se rappeler ce que dit M. de Cormontaingne au sujet du couronnement du glacis dans le système ordinaire. « S'il arrive, dit ce » savant ingénieur, qu'il soit resté quelqu'un dans l'angle du » chemin couvert, où il y a un petit espace que les cavaliers ne » sauraient découvrir, et que les grenades lancées de ce point, » incommodent si fort les sapeurs, qu'ils ne puissent cheminer, » il faudra, sans hésiter, faire sortir un sergent avec six ou huit » grenadiers, qui, se portant subitement sur le haut du che- » min couvert de cet angle, feront feu à bout touchant sur ceux » qui l'occupent, viendront regagner ensuite le boyau au plus » vite, et répéteront cette manœuvre si l'ennemi s'obstine. »

Ce que dit ici M. de Cormontaingne pour les seuls angles saillans des glacis ordinaires, a lieu dans le nouveau système pour tous les points du circuit de la place. Il n'en est aucun sur tout le pourtour du couronnement où l'assiégé ne puisse jeter à la main autant de grenades qu'il le veut de derrière le mur cré- nelé qui règne dans le fond du fossé ; mais il y a cette diffé- rence, que, dans le nouveau système, il ne servirait de rien à l'assiégeant de faire sortir de la tranchée des grenadiers pour faire feu sur les défenseurs, attendu que ceux-ci sont couverts par le mur, et que ce mur étant crénelé, ce seraient les grenadiers as- siégeans eux-mêmes qui recevraient les coups de fusil.

Indépendamment de ces grenades que l'assiégé lance de ce chemin des rondes dans le couronnement du glacis, et de la mousqueterie qui part de ses créneaux, il peut se porter lui- même tout à coup du haut de ce glacis, par son talus intérieur, qui est à pente très douce, faire feu sur les travailleurs qui sont dans la tête de sape, ou leur jeter des grenades, et faire sa retraite aussitôt après sous la protection de ses créneaux.

M. de Vauban pose en principe, avec grande raison, qu'on ne doit jamais attaquer le chemin couvert de vive force que quand il n'est pas possible de s'en emparer pied à pied, parce que l'attaque de vive force est une opération des plus critiques et des plus meurtrières pour l'assiégeant. D'un autre côté, il déclare qu'on est cependant obligé d'en venir à cette extrémité, lorsqu'on n'a pas pu parvenir à rompre la palissade par le ricochet, ou à plonger dans le terre-plein par des cavaliers de tranchée, parce qu'alors l'assiégé, demeurant maître de son chemin couvert, ne cesserait de harceler de là les têtes de sape, qui se trouveraient toujours à sa proximité, et ne leur permettrait pas d'avancer. Or tel est le cas dans le nouveau système, parce que l'escarpe de chacun des couvre-faces remplit, à l'égard de l'ouvrage qui est en avant, l'effet d'une palissade que le ricochet ne saurait rompre. L'assiégeant est donc obligé d'attaquer de vive force, pour chasser l'assiégé, par un combat corps à corps; mais comme le premier ne peut pas plus couper ou détruire à la main ce mur tenant lieu de palissade que le rompre avec le canon, il s'ensuit qu'il ne saurait joindre son ennemi, ni par conséquent le chasser de vive force de son chemin des rondes, qui lui tient lieu de chemin couvert, et que, par conséquent, il ne peut enlever la crête du glacis, non plus que celles des deux couvre-faces qui viennent ensuite, et qui sont défendues de même, ni pied à pied, ni de vive force.

Avant d'arriver au couronnement de ce glacis, il est clair qu'il faut avoir fait un premier couronnement au haut de la contrescarpe. Or, si l'on a pratiqué dans le mur de cette contrescarpe, en la construisant, des enfoncemens ou petites galeries souterraines de 6 ou 8 toises de longueur, de plain-pied avec le fond du fossé, et fermées à leurs entrées par des portes à l'épreuve du mousquet, les défenseurs pourront s'y mettre à l'abri, et en partir à volonté pour inquiéter l'ennemi dans ce couronnement, soit par la guerre souterraine, soit par des sorties.

Pour exécuter ces sorties, je pratiquerais dans la contrescarpe, et dans le sens des rayons, des coupures de 2 toises de largeur chacune et de 12 toises de longueur en rampe, pour monter de l'avant-fossé ou grande place d'armes au terrain de la campagne environnante, et faire, à l'improviste, des excursions sur les derrières et sur les flancs des travaux de l'ennemi. Ces coupures, comme on le voit, sont toutes dans l'enfilade des canons de la place; on pourrait les espacer l'une de l'autre d'environ 100 mètres, et placer entre elles, à égales distances, les enfoncemens ou petites galeries dont nous avons parlé ci-dessus. Ces débouchés seraient fermés par des barrières, des chevaux de frise ou des sauts de loup, sur lesquels on jetterait, au besoin, de petits ponts volans en madriers.

Tant que l'ennemi sera encore loin dans la campagne, on se contentera de tirer du rempart à ricochet sur ses zigzags, et de plein fouet sur ses batteries; lorsqu'il sera arrivé au haut de la contrescarpe, pour y faire son logement et construire à ses batteries, il s'y trouvera, sur tout le pourtour, en prise au feu direct de l'artillerie du corps de place, à la mousqueterie du premier couvre-face, et à toute la rangée de pierriers que l'assiégé aura pu établir dans le chemin des rondes du second couvre-face, le plus voisin du glacis, sans que les défenseurs, ainsi distribués, soient exposés à tirer les uns sur les autres.

Lorsqu'ensuite l'ennemi ouvrira la contrescarpe pour opérer sa descente de fossé, comme celle-ci est découverte jusqu'au pied, tant des remparts du front attaqué que de ses parties collatérales, le débouché sera battu directement et d'écharpe par un immense développement d'artillerie et de mousqueterie, sans

2..

que pour cela l'action des feux verticaux du chemin des rondes
du second couvre-face soit interrompue.

Après la descente de fossé, et pendant que l'ennemi s'avancera
sur le glacis, on établira une nouvelle rangée de pierriers dans
le chemin des rondes du premier couvre-face, et l'on retirera
ceux du second. Ainsi, le même nombre de pierriers sera toujours en action, sauf les points vis-à-vis desquels il se trouvera
des hommes dans le chemin des rondes du second couvre-face,
sur quoi il sera toujours facile de s'entendre, à cause de la proximité des deux endroits.

En supposant que l'assiégeant soit parvenu à s'emparer de la
crête du glacis et du couvre-face le plus avancé, il faudra nécessairement qu'il se tienne en force dans la coupure qui les sépare
pour ne pas être attaqué à l'improviste dans cette même coupure
sur ses deux flancs : alors l'assiégé quitte la banquette de son
premier couvre-face, qu'il avait occupée jusqu'alors, et il établit
sa ligne de mousqueterie dans le chemin des rondes du corps de
place, d'où il tire par les créneaux dès que l'ennemi commence à
paraître au haut de ce couvre-face; ce qui n'empêche pas le feu
simultané du canon du rempart. De plus, les défenseurs étant
ainsi retirés du couvre-face, lancent leurs grenades à la main,
depuis le chemin des rondes du corps de place, sur ce même
couvre-face, qui n'en est éloigné que de 10 à 12 toises. Enfin,
on met en jeu la nouvelle rangée de pierriers qu'on a dû établir
dans ce chemin des rondes, en observant de faire retirer les
soldats qui sont en avant dans ce même chemin des rondes
chaque fois qu'on se dispose à mettre le feu aux pierriers qui
sont derrière.

Ces pierriers, qui s'approvisionnent facilement de la place
par les passages pratiqués de plain-pied sous la masse de terre
du rempart, inonderont de projectiles tout le terrain qui est
en avant, où l'ennemi, comme on vient de le dire, est obligé

de se tenir en force, pour ne pas être sans cesse harcelé sur ses deux flancs.

Tels doivent être les procédés de la défense jusqu'à ce que la brèche soit faite au corps de place. Que cette brèche soit enfin ouverte, soit avec le canon placé je ne sais où, soit par la guerre souterraine, je ne sais comment, au moins sera-ce toujours dans un mur d'escarpe dont le parapet est isolé par le chemin des rondes. Ainsi ce parapet ne tombera point dans le fossé, et l'assiégé le conservera jusqu'à la fin. Par conséquent, en supposant qu'il soit décidé à soutenir l'assaut, il ne cessera de pouvoir faire rouler des grenades grosses et petites le long de cette brèche, qui restera haute et escarpée; et si l'assiégeant ne parvient point à donner à cette brèche une grande largeur, il ne pourra éviter d'être pris, pendant l'assaut, sur ses deux flancs par le chemin des rondes, en même temps que ses derrières seront menacés d'être attaqués de même par les coupures du glacis et par la grande place d'armes, qui règne au bas de la contrescarpe, tout autour de la place.

Quoique ce nouveau système de fortification ne soit pas fondé sur le principe du flanquement, il est à remarquer qu'il n'est aucun point du théâtre des opérations qui ne soit défendu de très près par une grande quantité de feux, soit d'un genre, soit d'un autre; ce qu'on ne saurait dire du système bastionné, tel qu'on l'admet aujourd'hui, et pour lequel ce qu'on appelle flanquement n'existe véritablement que de nom (*). Il est à remarquer surtout que, dans le nouveau système ici proposé, l'ennemi, depuis le couronnement du glacis jusqu'à la fin du siége, ne cesse pas un seul instant d'être sous le jet de la grenade

_____

(*) On sait que les ouvrages du système appelé moderne sont, pour la plupart, très mal flanqués, ou ne le sont point du tout. Le corps de place même n'est point exempt de ce défaut, qui est si grave aux yeux des partisans de ce système.

à la main, qui, au jugement des plus célèbres ingénieurs, est, de toutes les armes connues, la plus dangereuse et la plus propre à arrêter entièrement la marche de l'ennemi. Ce genre de défense rend comme impossible le procédé méthodique des sapes, prescrit par M. de Vauban, et réduit l'assiégeant à n'attaquer jamais que de vive force ; ce qui doit être, comme je l'ai dit maintes fois, le but constant des efforts de l'assiégé, puisque c'est ainsi qu'il peut ramener l'état des choses à ce qu'il était avant M. de Vauban.

Si l'on demeure bien convaincu de cette vérité, que le succès de la défense consiste, en effet, essentiellement dans l'art de contraindre l'ennemi à n'attaquer jamais que de vive force, afin de le tenir continuellement exposé à découvert au feu de la mousqueterie et de l'artillerie de la place, on sentira que le vrai moyen d'y parvenir est de le harceler tellement dans ses têtes de sape, qu'il lui soit impossible de cheminer ainsi pied à pied. Or il est visible que ce qu'il y a de plus efficace pour harceler ainsi l'ennemi dans ses têtes de sape est, d'une part, la multiplicité des petites sorties faites de près à l'improviste, et, de l'autre, le jet fait avec profusion de grenades jetées à la main dans ces mêmes têtes de sapes (*) ; il faut donc que le logement

_____

(*) De ce qu'on doit toujours, autant que possible, contraindre l'ennemi à n'attaquer jamais que de vive force, il faut se garder d'en conclure qu'on doive alors lui résister de pied ferme : il faut en conclure tout le contraire ; car on ne cherche à se faire attaquer de vive force que pour obliger l'ennemi de se montrer en masse exposé au feu de la place. Ce serait donc aller directement contre le but que d'opposer alors la défense de pied ferme, puisque, pendant la mêlée, le feu de la place demeure nécessairement suspendu. La règle naturellement amenée par la réflexion est que, contre les attaques de vive force, il faut employer principalement le feu direct de l'artillerie et de la mousqueterie ; et que, contre les attaques méthodiques ou faites pied à pied, ce sont principalement les feux courbes lancés de près, comme la grenade à la main, et les petites sorties, qu'il faut mettre en usage. Je reviendrai, dans une autre note de ce Mémoire, sur la défense dite de pied ferme, parce que c'est le point le plus essentiel de tous, et que les idées à ce sujet ne paraissent pas être encore bien assises.

de l'assiégé soit constamment au plus près possible de celui de
l'assiégeant ; et pour qu'une fortification soit bonne , il faut
qu'elle puisse se prêter à ce genre de défense ; c'est-à-dire qu'elle
doit être disposée de manière que, dans la défense rapprochée ,
le cheminement de l'ennemi ne puisse se faire que sous le jet
immédiat des grenades à la main, et sans cesse menacé d'une
attaque subite. Les coups tirés de loin ne peuvent que ralentir , mais non arrêter entièrement le progrès des sapes ; les
grandes sorties sont facilement prévenues et repoussées par
l'ennemi. La proximité continuelle du logement de l'assiégé de
celui de l'assiégeant, pendant toute la défense rapprochée , est
donc indispensable pour le succès de cette défense; et voilà
pourquoi M. de Vauban prend toujours tant de soin, lorsqu'il veut porter son attaque sur un point quelconque, de
commencer par en écarter l'assiégé , soit par ses ricochets,
soit par ses pierriers , soit par ses cavaliers de tranchée ; et
qu'il n'attaque enfin de vive force que quand il lui est impossible de faire autrement. C'est donc à remplir cette condition , de se loger toujours au plus près de l'ennemi, à couvert
autant que possible de son feu et de ses coups de main , que
doivent s'appliquer ceux qui sont chargés de construire les places
fortes ; et la fortification primitive, qui fait la base du système
précédent , me paraît être ce qu'il y a de plus propre à remplir
cette condition.

Ce système n'est , à proprement parler, que la fortification
primitive elle-même; c'est-à-dire telle qu'elle pouvait exister
avant l'invention du flanquement : ce n'est autre chose qu'un
long glacis, commençant près du corps de place, et finissant à
l'extrémité de la ligne de plongée. Dans ce glacis sont faites
transversalement plusieurs coupures assez peu éloignées l'une de
l'autre pour que chacune d'elles puisse être défendue de celle
qui est derrière par des grenades jetées à la main , et pour qu'il

en résulte autant d'enceintes revêtues, auxquelles il faille faire
brèche, soit pour les enlever d'assaut; soit pour s'y loger à la
sape. En un mot; la place entière n'est, à proprement parler,
qu'une vaste tour enveloppée d'un glacis, dont tous les points
sont susceptibles d'être défendus par une alternative continuelle
de coups de main et de l'emploi des armes à feu, conformé-
ment au principe que j'ai posé pour la défense des places fortes
en général.

On ne manquera pas de m'objecter que ces coupures dans le
glacis sont autant de parallèles ou places d'armes toutes faites
pour l'assiégeant, et que les couvre-faces en terre sont des parapets tout construits. Admettons cela pour un instant; mais ce
sera seulement lorsqu'ils seront pris. Or la difficulté est de les
prendre, d'empêcher ensuite que l'assiégé ne les reprenne : c'est
de s'y garantir des retours offensifs qui, pouvant à chaque instant se renouveler sur ses deux flancs par ces mêmes coupures,
obligent l'assiégeant à demeurer constamment en force sur le
théâtre des attaques, où pleuvent les feux verticaux. La meilleure place possible pour la défense d'un pays devient aussi une
forteresse toute faite pour l'ennemi, du moment qu'elle est
prise.

Je ne reviendrai pas sur ce que j'ai dit, dans mon ouvrage,
au sujet des feux courbes; je crois y avoir répondu d'avance à
toutes les objections qui m'ont été faites depuis : il se peut qu'il
y en ait quelques-unes de vraies; mais elles ne se rapportent
qu'à de simples accessoires, et les principes n'en subsistent pas
moins.

Des expériences faites sur des projectiles trop petits ne prou-
vent rien, sinon qu'il faut en employer de plus gros.

Celles qui ont été faites par le général prussien Scharnorst ont
confirmé l'opinion que nos prédécesseurs s'étaient formée de l'efficacité des feux courbes, et l'ont augmentée; elles ont appris

que le pierrier, employé d'une manière convenable, porte beaucoup plus loin qu'on ne l'avait cru jusqu'alors, et disperse moins; que les pierres ne s'écrasent point et sont meurtrières ; qu'en un mot, cette arme remplit à elle seule toutes les vues d'action et d'économie qu'on peut désirer. Cela suffit à mon objet, qui est uniquement celui de la défense des places ; et le surplus n'est, à cet égard, qu'une théorie oiseuse (*).

(*) M. le major Borkenstein, dans le savant Traité qu'il vient de publier à Berlin, sur l'Artillerie, fait voir que mon calcul sur les chances relatives aux feux courbes s'accorde parfaitement avec les résultats qu'ont fournis les expériences du général Sharnhorst, et que je n'en ai évalué tous les avantages qu'au *minimum ;* c'est-à-dire que, sur 180 coups tirés au hasard en ligne parabolique, un au moins doit porter, comme je l'ai supposé, en prenant le terme moyen sur un très grand nombre de coups. Quant à ce qui regarde la grosseur des projectiles, M. le major Borkenstein fait observer, avec juste raison, que ce n'est point là le nœud de la difficulté, parce que si les projectiles de 4 onces ne suffisent pas, on saura bien en employer de 8 ; que si ceux de 8 sont encore trop petits, on en emploiera de 16; qu'enfin, si ceux d'une livre ne sont pas encore assez gros, on en emploiera de 2, de 3, etc. Voyez son ouvrage écrit en allemand, 2 vol. in-4°, intitulé :

Versuch zu einem lehrgebäude der theorisch-practischen artillerie wisenschaft. Von carl Friedrich Borkenstein, major in königlich norwegischen diensten, ritter von Schwerdtorden. Berlin 1822. — Gedrucht und verlegt bey G. Reimer.

Ceux mêmes qui se sont le plus attachés à faire la critique de mon système de défense par les feux verticaux conviennent tous que jusqu'ici on a eu le tort de négliger beaucoup trop ce moyen, unanimement recommandé par les plus célèbres ingénieurs. Cet aveu me suffit. Je n'ai certainement pas eu la pensée de m'en attribuer la découverte, puisque j'ai moi-même invoqué l'autorité de ces maîtres de l'art par la citation que j'ai faite de tout ce qu'ils ont dit de plus fort à ce sujet. Mais si ce moyen de défense n'était pas nouveau en théorie, il l'était au moins dans la pratique : je pouvais donc, ainsi que je l'ai fait dans mon ouvrage, me l'être réservé pour en faire l'application dans quelque occasion importante. Je pourrais faire observer aussi qu'il y a quelque différence entre l'emploi des feux courbes comme moyen simplement auxiliaire, ainsi qu'on l'a toujours fait, et l'emploi de ces mêmes feux comme moyen principal (quoique nullement exclusif), comme je l'ai proposé; car cette différence change totalement, non-seulement le système général de la défense, mais encore celui de l'armement, et celui de la construction même des places.

En dernière analyse, la seule objection plausible qui m'ait été faite est celle de dire :

3

Je, passe sous silence une foule d'autres considérations relatives aux avantages de la fortification, primitive dont je viens de parler, tels que celui d'un meilleur commandement sur la campagne, celui d'une plus grande sûreté dans les communications, celui de la suppression du palissadement et des nombreux travaux d'urgence qu'exige, dans le système ordinaire, la seule mise en état de siége; enfin, et principalement, la conservation des défenseurs, qui, dans le nouveau système, sont la plupart du temps sous des voûtes à l'épreuve, ou dans des chemins des

---

Vos projectiles sont trop petits ; or à cela il y a aussi une seule réponse à faire : Employez-en de plus gros, les pierres ne manquent pas.

Sans me livrer à de vaines discussions sur le mérite comparatif des armes anciennes et des armes nouvelles, il me suffit de savoir qu'une flèche est meurtrière pour que je lui donne la préférence, même sur les armes à feu, lorsque l'usage en est plus sûr et plus commode. Ici, par exemple, je crois qu'on pourrait employer avec succès des arcs, des arbalètes ou la fronde, pour remplacer, au besoin, les pierriers dans les chemins des rondes des couvre-faces et du corps de place. Les mortiers portatifs de Cohéorn pourraient y être d'un excellent usage, de même que le petit mortier à main que j'ai proposé pour tirer par les créneaux. Si les inconvéniens auxquels on prétend que celui-ci est sujet ne sont pas entièrement imaginaires, du moins est-il mille moyens d'y remédier, soit en diminuant convenablement la charge de poudre, soit en augmentant l'angle d'inclinaison, soit en l'armant d'un fort crochet, pour empêcher le recul. Quand même la portée de cette arme serait réduite à 30 ou 40 toises seulement, par la diminution de la charge de poudre, elle serait encore très précieuse, parce que, lancée ainsi de l'intérieur d'un ouvrage, elle aurait encore assez de force pour franchir les fossés les plus larges, et aller tomber dans les batteries de brèche et les contre-batteries de l'ennemi.

J'ajouterai, par occasion, que, malgré le ridicule qu'on a voulu jeter sur l'expédient proposé par M. Flachon de la Jomarière, de détremper au moyen de pompes les terres du logement de l'ennemi, je persiste à croire que ce moyen pourra s'utiliser. Si, par exemple, lorsque l'assiégeant donne l'assaut au bastion, il y avait au bas du rempart, derrière la brèche, plusieurs pompes dont les jets retombassent sur cette brèche, je doute fort qu'il lui fût possible d'y monter, et encore moins d'y établir un logement. Il y a des personnes auxquelles il ne faut point proposer d'innovations; ce n'est cependant que par des innovations que les Arts font des progrès. Les premiers essais en toutes choses sont ordinairement très imparfaits, mais ils renferment quelquefois le germe de vérités utiles.

rondes dérobés aux vues de l'ennemi, ou sur des banquettes qu'on ne peut battre en ricochet, à cause de leur peu de largeur et de leur forme circulaire ; tandis que dans le système aujourd'hui pratiqué, le ricochet en détruit une si grande quantité, sur les remparts et sur les chemins couverts, sans qu'il en résulte la moindre utilité pour le succès de la défense.

J'ai supposé d'abord, pour plus de simplicité, que l'enceinte de la place était parfaitement circulaire ; mais il est évident qu'on peut lui donner une autre forme courbe quelconque, sans rien changer à ses propriétés, et, par là, adapter cette fortification à tous les accidens du terrain ; tandis qu'on ne saurait y plier les longs côtés de la ligne bastionnée sans la livrer aux effets désastreux de la plongée et des ricochets. Ce nouveau système est donc infiniment plus maniable et plus convenable à la fortification irrégulière ; on peut lui faire suivre les sinuosités d'une enceinte déjà tracée, ceux d'une rivière, d'une chaîne de hauteurs ou de la mer.

On peut également, suivant ce système, fortifier des endroits trop resserrés pour la ligne bastionnée, et les rendre susceptibles à peu près de la même défense que les grandes places. Par exemple, le moindre fort carré bastionné, en lui donnant pour côté extérieur 300 mètres seulement, exigerait un emplacement de 90,000 mètres carrés entre les quatre côtés extérieurs, et cependant ne procurerait qu'une fortification étranglée et très mauvaise à tous égards ; tandis qu'une enceinte circulaire du rayon de 100 mètres, qui n'exigerait qu'un emplacement de 30,000 mètres carrés, c'est-à-dire le tiers seulement du fort dont on vient de parler, disposée suivant le nouveau système, pourrait faire une excellente place.

Au premier coup d'œil on pourrait croire que la dépense du nouveau système, ici proposé, doit être plus considérable que celle du système de M. de Cormontaingne ; mais avec un peu

3..

d'attention, on reconnaîtra facilement que c'est le contraire, et qu'on peut la rendre encore beaucoup moindre sans altérer essentiellement ses propriétés.

1°. Le mouvement des terres pour les déblais et remblais est beaucoup moins dispendieux dans le nouveau système que dans l'autre, parce que les fossés sont moins profonds, et que les excavations s'y font sans épuisement d'eau.

2°. Les murs du nouveau système, étant tous circulaires, exigent beaucoup moins de développement pour renfermer un espace donné, que ceux qui ont une forme angulaire ou bastionnée.

3°. Ces murs étant détachés des terres exigent moins d'épaisseur, et ceux auxquels j'attribue 6 pieds d'épaisseur, par exemple, peuvent, sans nuire essentiellement à leur solidité, être réduits à 5 et même à 4. De plus, leurs paremens étant verticaux, ces murs ne sont point sujets aux dégradations qui ruinent en peu d'années les murs terrassés ou en talus.

4°. Les murs d'escarpe et de contrescarpe du nouveau système, ainsi que ceux qui sont dans les coupures du glacis, sont beaucoup moins élevés respectivement que ceux d'escarpe, de contrescarpe et de gorge de l'ancien.

5°. On peut, sans inconvénient sensible, supprimer entièrement la contrescarpe du nouveau système, en lui substituant un simple talus en terre ou un glacis à contre-pente; on peut également supprimer le contre-mur de 3 mètres de hauteur et de 3 pieds d'épaisseur, établi dans le chemin des rondes du corps de place pour arrêter les projectiles qui roulent sur le talus, et y suppléer par une simple tranchée faite au pied de ce talus.

6°. L'immense quantité de pierres de taille employées dans le système actuel pour revêtir les angles saillans, et pour les soubassemens dans les fossés pleins d'eau, est d'une très grande dépense, qui n'a pas lieu dans le nouveau système , où toutes les fondations , d'ailleurs , se font à sec.

7°. Le terrain occupé par la fortification , et qu'il faut par conséquent acheter des particuliers , est beaucoup moins considérable dans le nouveau système que dans l'autre.

8°. Le nouveau système dispense du palissadement et d'une immense quantité de barrières , de rampes , de tambours en charpente , etc. , qui deviennent bientôt inutiles si, la place n'est point assiégée.

Je fais abstraction des retranchemens et autres ouvrages accessoires , parce que c'est pour un système comme pour l'autre.

D'après ces considérations , et sans entrer dans le toisé circonstancié de chacun d'eux , il est évident que la dépense du nouveau système est tout au plus moitié de celle du système de M. de Cormontaingne.

On peut renforcer de plusieurs manières le système dont on vient de parler. La première , et la plus importante , est un retranchement général , c'est-à-dire une nouvelle enceinte en dedans de la première , et faisant tout le tour de la place intérieurement : cette nouvelle enceinte est susceptible de divers degrés de force ; on peut se contenter d'en faire un simple mur de capitulation , pour l'instant où l'ennemi , déjà maître du corps de place , serait parvenu à y établir ses batteries de brèche. Dans ce cas , il suffit d'un bon mur crénelé , isolé du rempart par une rue , et élevé depuis le sol de la place jusqu'à la hauteur de la crête du même rempart. Si l'on veut augmenter la force de ce retranchement , on adossera à ce mur , en dedans de la place , une suite d'arcades à l'épreuve de la bombe , de 7 ou 8 toises de profondeur , sur lesquelles on établira un terre-plein pour les batteries de canons , soit découvertes, soit blindées , dont le parapet sera en pierres ou en briques , attendu qu'il ne peut être aperçu de la campagne. Les arcades qui sont au-dessous forment

autant de souterrains pour servir de magasins et même de casernes.

Mais le mieux serait, en effet, de construire une caserne dé-
fensive qui fît tout le tour de la place, en laissant entre elle et
le pied du rempart une large esplanade qui servirait aux exercices de la troupe, ainsi que de parc à l'artillerie et pour les effets de la fortification, et où l'on pourrait réserver un emplacement pour servir de promenade publique. Il faut toujours de
grandes casernes et de vastes souterrains dans une place assiégée,
pour qu'elle soit capable d'une bonne défense; et la disposition
indiquée ici me paraît la meilleure. Au surplus, vis-à-vis des
parties de l'enceinte qui sont éloignées des fronts attaquables, la
clôture pourrait être réduite, comme on l'a dit plus haut, à un
simple mur crénelé.

Une seconde manière de renforcer l'enceinte de la place serait
de prolonger la queue des glacis jusqu'à 6 pieds au moins au-
dessous de l'eau, lorsque le terrain s'y prête, en éloignant d'autant la contrescarpe, qui aurait alors beaucoup plus de hauteur,
et régnerait ainsi derrière un fossé plein d'eau. Comme cette
contrescarpe serait toujours vue directement en plein depuis le
corps de place, ainsi que le fossé, la descente et le passage de ce
fossé plein éprouveraient de grandes difficultés. L'assiégé se mé-
nagerait ses communications par de petits ponts de bois ou de
petites chaussées.

Une troisième manière de renforcer les parties faibles de l'enceinte serait de construire au haut de la contrescarpe, à quelques toises en avant du bord, une chaîne de fortins, pour
servir de postes avancés, et tenir l'ennemi plus - temps
éloigné de la place. Ces fortins peuvent recevoir toutes sortes de
formes, comme celles de redoutes, de flèches, de lunettes, suivant
les circonstances; on y entre par des passages souterrains, dont la
porte est dans le mur de contrescarpe, dont le fortin doit être

assez proche pour en être défendu par des grenades jetées à la main ; chacun de ces fortins doit aussi pouvoir se défendre isolément, en jetant des grenades de son intérieur sur le logement de l'ennemi, lorsqu'il vient le cerner.

Par exemple, pour construire un semblable fortin en forme de redoute carrée, dont un des angles regarde la campagne, il n'y a qu'à examiner le tracé donné (planche I, fig. 2).

A est une portion du mur de la contrescarpe dans lequel est pratiquée une porte dont le seuil est au niveau de l'avant-fossé qui est derrière, ou un peu au-dessus de l'eau, s'il y en a, dans cet avant-fossé. De cette porte, on communique de plain-pied par un passage souterrain, voûté à l'épreuve, de 6 à 8 toises seulement, à l'intérieur de la redoute, par l'un des angles ; ce souterrain doit se fermer par une double porte à l'entrée et à la sortie. Cette redoute n'est autre chose qu'une petite place d'armes de 10 mètres seulement de face, close par un mur de 6 pieds d'épaisseur et haut de 18, de manière qu'il domine le terrain environnant de 6 pieds. Au niveau de ce terrain, c'est-à-dire à 6 pieds au-dessous du sommet de ce mur de la redoute, règne intérieurement une banquette de 2 pieds de largeur, prise sur l'épaisseur du mur, dont le haut se trouve ainsi réduit à 4 pieds d'épaisseur, et forme une espèce de parapet, dans lequel sont percés des créneaux de 3 en 3 pieds ; et entre ces créneaux sont des dez de pierre, pour exhausser le soldat lorsqu'il veut tirer ou jeter des grenades par-dessus ce parapet ; on monte à cette banquette par des gradins. Il y a dans la partie inférieure de ce mur un second rang de créneaux pratiqués sous de petites arcades pour abriter le soldat, et dont le seuil est d'un mètre au-dessus du terre-plein de la redoute.

Cette redoute est entourée de tous côtés par un fossé de 6 mètres, excepté à l'endroit du passage d'entrée, qui est séparé de ce fossé par un mur crénelé semblable au premier. Ce fossé est de plain-pied avec le terre-plein de la redoute, et son mur extérieur ne s'élève qu'à la hauteur de la contrescarpe.

Au-delà de ce fossé, mais seulement vis-à-vis des deux faces extérieures, est le couvre-face de la redoute, auquel je donne 10 mètres d'épaisseur, dont 6 pour son parapet, 2 pour le talus extérieur de ce parapet, et 2 pour la banquette qui est derrière. La hauteur de la crête de ce couvre-face est la même que celle du mur de la redoute.

Ce couvre-face est revêtu et entouré d'un fossé qui est de plain-pied avec l'autre, et vient se réunir à lui; il en est seulement isolé par un mur crénelé placé dans l'alignement des faces intérieures de la redoute, mais qui ne s'élève qu'à la hauteur de la gorge du couvre-face, et se termine en dos d'âne au-dessus.

On communique de l'intérieur de la redoute au petit fossé clos qui la sépare de son couvre-face par une porte de 4 pieds seulement de hauteur et 3 de largeur, afin que l'ennemi, s'il voulait pénétrer dans l'intérieur de la redoute par ce petit fossé, ne pût le faire que difficilement, en se baissant beaucoup, et en défilant un par un, dans cette redoute, au milieu des défenseurs. On donne 3 pieds de largeur à ces portes, pour qu'elles puissent servir à ramener les blessés ; on monte du petit fossé clos à la banquette du couvre-face par de petits gradins.

En examinant cette construction, on voit, 1° que l'ennemi ne saurait couper la communication du fortin à la place, puisqu'elle se fait par une galerie souterraine dont l'entrée appartient à l'assiégé ; 2° que le couvre-face de la redoute fournit un feu de mousqueterie rasant sur la campagne, et que le peu de largeur de sa banquette ne donne point de prise au ricochet ; 3° que l'ennemi ne peut aborder ce couvre-face d'aucun côté sans venir s'établir sur le bord de son fossé, qui est défendu par les grenades que l'assiégé peut jeter à la main, tant de la banquette du couvre-face que de celle de la redoute elle-même ; 4° que si l'ennemi veut se loger sur le couvre-face , il s'y trouvera sous le feu de mousqueterie des créneaux de la redoute et sous le jet des grenades lancées à la main , de son intérieur ; 5° que quand même l'ennemi serait maître du fossé extérieur du couvre-face , il ne le serait pas pour cela du fossé intérieur , et encore moins de la redoute elle-même ; 6° qu'en supposant la redoute prise et occupée par l'ennemi , on peut l'y accabler par des grenades lancées à la main depuis le haut du mur de contrescarpe , auquel , dans ce cas , on aura eu soin de faire une banquette ; 7° que cette petite pièce se défend par elle-même sans le secours d'aucune autre , et indépendamment de tout flanquement ; 8° qu'elle prend des revers sur la contrescarpe , de manière qu'on ne peut couronner celle-ci sans avoir pris tous les fortins qui la couvrent sur l'étendue du front d'attaque ; 9° qu'enfin , en supposant une chaîne continue de ces fortins sur le bord de la contrescarpe , éloignés l'un de l'autre d'environ 100 mètres , de manière que chacune des coupures faites à la contrescarpe pour les sorties , comme nous l'avons dit plus haut , se trouve placée entre deux de ces fortins , ces sorties seraient efficacement protégées de droite et de gauche.

On voit , par ces détails , que de semblables fortins peuvent augmenter considérablement la défense de la place ; qu'ils tiennent lieu d'une première enceinte , et donnent le temps nécessaire pour faire intérieurement les dispositions convenables.

J'ai dit qu'on pouvait donner à ces fortins toutes sortes de formes : les figures 2 , 3 , 4 , en offrent divers exemples , et s'expliquent assez d'elles-mêmes , d'après ce qui vient d'être dit.

Un autre moyen d'augmenter la force de la place consisterait à établir , sur la pente du glacis , des lignes de contre-approche , pour favoriser les sorties et prendre des revers sur les travaux de l'ennemi.

De simples tranchées droites creusées en terre , telles que le

4

sont les lignes ordinaires de contre-approche , ne rempliraient
point l'objet , parce que leur intérieur ne pourrait être dérobé
aux vues de l'ennemi : il faut ici qu'elles soient faites en relief
et en zigzags; c'est-à-dire qu'elles soient formées d'une suite de
traverses élevées sur la pente du glacis, en recouvrement l'une
de l'autre , de manière qu'il y ait entre elles un libre passage que
l'ennemi ne puisse apercevoir, mais dont tous les points soient
vus et défendus de la place , problème qui peut, je crois, se résoudre comme il suit :

Je trace (planche I , fig. 5) dans la direction du rayon une
droite AB , de la crête du glacis jusqu'à l'avant-fossé qui la
termine au bas; à droite et à gauche de ce rayon je lui mène
deux parallèles, qui en soient éloignées de 12 mètres chacune, ce
qui fait un intervalle de 24 mètres entre ces deux parallèles.
J'établis ensuite entre elles des traverses en recouvrement, telles
qu'on les voit dans la figure ; ces traverses forment comme une
suite de zigzags , dont les angles sont supposés de 60° : la largeur de chacune de ces traverses est de 4 mètres , et leur hauteur de 2 ; de sorte que le terre-plein supérieur de ces traverses
forme une pente parallèle à ce glacis commandée de 2 mètres
par le parapet du corps de place. La ligne serpentante qui passe
entre elles marque le sentier de communication de la crête du glacis à l'avant-fossé de la grande place d'armes qui règne au bas de la
contrescarpe ; toutes les parties de ce sentier sont aperçues du
corps de place, en même temps qu'elles sont couvertes des vues
du dehors par les traverses elles-mêmes : ces traverses couvrent
également, par leur relief, la crête du glacis par où se font les
sorties. Enfin , il est évident que l'assiégé peut non-seulement se
servir de ces traverses comme parapets pour faire feu sur l'assiégeant, mais encore déboucher partout, à droite et à gauche ,
entre elles, sur les travaux de l'ennemi, pour l'attaquer de flanc
et de revers, ou tirer par les intervalles.

Je suppose qu'il y ait de semblables lignes de contre-approche de 5o en 5o mètres, ce qui occupera près de la moitié de la surface du glacis; alors l'ennemi ne pourra exécuter ses opérations à côté de ces lignes, sans se voir continuellement harcelé de droite et de gauche. S'il prend le parti d'étendre ses tranchées des deux côtés, pour s'en emparer, il en rencontrera d'autres plus loin; ainsi, quelle que soit l'étendue qu'il veuille embrasser, il aura toujours une de ces lignes de contre-approche très près de lui sur chacun de ses flancs. On conçoit que ces ouvrages doivent être faits d'avance, et qu'il faut les mettre au nombre des ouvrages permanens.

Enfin, un moyen dont on peut encore se servir pour augmenter la force de ce système, consisterait à planter et entretenir soigneusement, au haut de la contrescarpe, une forte haie vive de 8 ou 9 pieds de hauteur, avec une berme de quelques mètres en dedans, sur le bord, et qui fera tout le tour de la place.

Cette berme servira comme d'un premier chemin des rondes pour empêcher les surprises et la reconnaissance de la place; car celui qui est en dedans voit celui qui est en dehors de loin et sans en être vu.

Les avantages que procure cette haie vive regardent moins le front d'attaque lui-même immédiatement, que les portions de l'enceinte qui en sont le plus éloignées, parce qu'elle dérobe à la vue de l'ennemi ce qui se passe en cet endroit sur le glacis; de sorte qu'on peut, par exemple, y faire parquer le bétail nécessaire à la consommation de la garnison. On peut aussi y faire des manœuvres et des dispositions pour tomber en ordre et en force, même avec de la cavalerie et de l'artillerie, sur les derrières du front d'attaque, par la grande place d'armes ou avant-fossé, en appuyant l'une des ailes à la contrescarpe, lorsque l'ennemi, après la descente de cet avant-fossé, s'avance en cheminant sur le glacis.

4..

Si l'assiégeant pense qu'il lui soit nécessaire de détruire cette haie, soit en la coupant à la main, soit à coups de canon, ce ne sera pas sans une grande perte d'hommes ou une grande consommation de munitions de guerre. Dans tous les cas, elle aura rendu des services importans, surtout celui d'empêcher la reconnaissance de la place. L'assiégé coupe lui-même ensuite les portions de cette haie qui pourraient lui dérober les manœuvres de l'ennemi; ce qui ne sera nécessaire qu'après l'achèvement de la seconde parallèle, parce que, jusqu'alors, on voit très bien les cheminemens de la tranchée, depuis le rempart, par-dessus la haie.

PARAGRAPHE DEUXIÈME.

Application des principes exposés dans le paragraphe précédent, à l'amélioration des systèmes bastionnés.

Les observations développées dans le paragraphe précédent peuvent, jusqu'à certain point, s'appliquer à l'amélioration des systèmes bastionnés : tel est l'objet de ce second paragraphe.

Pour cela, je reprendrai le plan que j'ai proposé dans mon *Traité de la défense des Places*, en y faisant des modifications propres à rendre plus sensibles les avantages qu'on peut tirer de l'emploi des feux courbes combinés avec les retours offensifs.

La fig. 1, planche II, représente le plan d'un des fronts du système proposé; je suppose que ce front appartienne à un octogone régulier.

Je trace la ligne magistrale du corps de place, comme dans le système ordinaire de M. de Vauban, c'est-à-dire que le côté extérieur est supposé de 180 toises, les faces des bastions d'environ 52 toises, les flancs à peu près perpendiculaires aux lignes de défense.

Derrière le revêtement ou mur d'escarpe, que je suppose avoir

6 pieds d'épaisseur, et 24 pieds de hauteur au-dessus du fond des fossés, est le rempart en terre, composé, 1.° d'un chemin des rondes large de 6 pieds, et aussi de 6 pieds plus bas que le dessus du mur. La portion de ce mur, qui couvre le chemin des rondes, est crénelée; 2° d'un parapet en terre élevé de 12 pieds au-dessus de la muraille, et large de 6 toises; savoir : 3 toises pour son terre-plein, et 3 toises pour son talus extérieur, qui se termine en bas au chemin des rondes; 3° du terre-plein du rempart destiné à l'artillerie, de 7 toises de largeur, sans compter les rampes et le talus. On communique de l'intérieur de la place au chemin des rondes par des passages souterrains pratiqués sous le rempart.

Derrière ce rempart est une rue de 10 ou 12 mètres de largeur, après laquelle vient le retranchement général faisant tout le tour de la place, et composé, 1° d'un revêtement de 6 pieds d'épaisseur, et élevé jusqu'au niveau de la crête du parapet qui est en avant, c'est-à-dire de 24 pieds au-dessus du sol de la place. La portion de ce retranchement qui répond à la gorge du bastion, est perpendiculaire à la capitale; 2° d'un terre-plein établi à 2 toises au-dessous du haut du revêtement, et dont la largeur est de 16 mètres, afin de pouvoir y construire des batteries blindées, dont nous donnerons l'explication plus bas; 3° d'un espace suffisant, derrière le terre-plein, pour les rampes et les talus.

En avant de la portion de ce retranchement, qui fait face à la gorge du bastion, est un épaulement en terre, pour couvrir le revêtement qui est derrière, contre les coups de ricochet qui peuvent venir dans le sens de la capitale, et pour servir de parapet à une batterie de mortiers et de pierriers, qui doit être dressée pendant le siége, et dont l'effet doit être d'empêcher le logement de l'ennemi sur les faces des bastions.

Au-devant de la courtine est la tenaille avec son avant-corps, que je nommerai ensemble *boulevart central* : le tout est revêtu :

mais l'escarpe a 18 pieds de hauteur au-dessus du fond du fossé,
et la gorge 12 seulement, c'est-à-dire que celle-ci est de niveau
avec le terrain naturel. Les ailes sont dans le prolongement des
faces des bastions. Les faces de l'avant-corps sont alignées aux
angles de flanc du corps de place, et le sommet de son angle
saillant est le point-milieu du côté extérieur du polygone; de
sorte que les trois angles flanqués des deux bastions et du boulevart central sont en ligne droite. Les flancs de ce boulevart sont
perpendiculaires aux lignes de défense, et leur longueur est de
16 à 18 mètres. La crête du parapet de ce même boulevart est de
6 pieds au-dessous de celle du corps de place, ou 18 pieds au-
dessus du terrain naturel; il est séparé de la courtine et des
flancs des bastions par un fossé de 6 à 8 mètres.

En avant du boulevart central est la demi-lune qui a le même
relief que lui; ses branches ont 28 mètres de largeur, savoir :
8 mètres pour le terre-plein, y compris la banquette, et 10
mètres pour chacun des talus, qui sont à terres roulantes : le bas
de son talus extérieur est aligné à l'angle d'épaule du bastion.
Cette demi-lune étant de même relief que le boulevart central,
empêche qu'on ne puisse prendre de la campagne aucun ricochet
sur celui-ci, dont les faces et les flancs vont couper les branches
de cette demi-lune.

Au-devant de chacun des bastions et de la demi-lune est une
contre-garde ou couvre-face, dont le relief est de 12 pieds au-
dessus du terrain naturel, ou 24 pieds au-dessus du fond des
fossés; de sorte qu'ils couvrent exactement les maçonneries des
ouvrages qui sont derrière. Leur largeur est de 24 mètres, savoir : 8 mètres pour le terre-plein, y compris la banquette, et
8 mètres pour chacun des talus, qui sont à terres roulantes.

Les couvre-faces des bastions n'en sont séparés, au fond des
fossés, que de 6 mètres, afin que du chemin des rondes, qui est
derrière l'escarpe de ces bastions, on puisse jeter à la main des

grenades sur le terre-plein, et jusque sur le talus extérieur de ces pièces. Ces couvre-faces se trouvent ainsi séparés à leurs épaules, dont je suppose les profils en maçonnerie, par un fossé d'environ 12 mètres du boulévart central, et par un fossé de 10 mètres, des épaules de la demi-lune et de son couvre-face.

Une traverse appuyée à la branche du couvre-face du bastion, et parallèle à celle de la demi-lune, couvre le débouché qui existe entre l'une et l'autre : le relief de cette traverse est le même que celui du couvre-face. Le côté opposé est terminé par un mur qui, prolongé de part et d'autre, joint la demi-lune avec son couvre-face, ce qui forme entre elles un large fossé servant de place d'armes. Le mur dont nous venons de parler est crénelé à droite et à gauche de la traverse, pour défendre la place d'armes, d'une part, et de l'autre pour sauver l'angle mort formé par la jonction de cette traverse avec le couvre-face du bastion. Dans ce mur doivent être ménagées des portes pour les communications et les sorties. La demi-lune est revêtue extérieurement d'un mur crénelé, derrière lequel règne un chemin des rondes. La place d'armes, dont nous venons de parler, fournit un vaste emplacement pour les feux verticaux.

A l'angle flanqué de chacune des trois contre-gardes dont nous venons de parler, est établi un fortin à redoute pentagonale, tel que celui qui est indiqué (planche I, fig. 3), pour donner des feux rasans sur la campagne, et défendre les fossés.

Enfin, tout le système de cette fortification est enveloppé par un glacis à contre-pente, qui vient finir dans le fossé à 12 mètres des couvre-faces, et s'étend du côté de la campagne autant qu'il en est besoin, pour fournir les terres nécessaires à tous les remblais.

Il me reste à expliquer, comme je l'ai annoncé plus haut, la construction des batteries blindées, qui doivent être établies sur le terre - plein du retranchement général , vis-à-vis de la gorge des bastions.

Le sol de ces batteries (planche II , fig. 2) est , comme je l'ai dit plus haut, à 12 pieds au-dessous du cordon du revêtement : dans ce revêtement sont percées les embrasures à 3 pieds au-dessus du sol ; ces embrasures sont éloignées de 15 pieds de milieu en milieu. Chaque pièce de canon occupe sa case particulière, de 9 à 10 pieds de largeur dans œuvre, 8 pieds de hauteur et 10 mètres de profondeur. Les murs de refend sont donc de 5 à 6 pieds d'épaisseur , 8 pieds de hauteur et 10 mètres de longueur; ils sont perpendiculaires au mur de revêtement , avec lequel ils sont liés par la construction des maçonneries. Sur ces murs de refend sont posées, de l'un à l'autre , des poutres ou de simples corps d'arbres en grume formant au-dessus de chaque case un blindage de 4 pieds d'épaisseur, lequel, par conséquent, arasera le dessus du revêtement. Enfin , on chargera encore ce blindage de 6 ou 8 pieds de terre ou de fascines, pour le mettre entièrement à l'épreuve de la bombe. La batterie est ouverte par derrière pour l'évacuation de la fumée , et il y règne un terre - plein de 6 mètres, pour la facilité des mouvemens.

Si l'on manquait de bois ou de temps pour l'exécution d'un pareil blindage , on pourrait se borner à une espèce de demi-blindage ; c'est-à-dire qu'au lieu de l'étendre depuis le revêtement jusqu'à l'extrémité intérieure des murs de refend , qui ont 10 mètres de longueur, on ne l'étendrait que jusqu'à 3 ou 4 mètres de revêtement ; ce qui servirait toujours à couvrir les canonniers.

C'est avec ces batteries blindées, qui ne peuvent d'ailleurs être aperçues du dehors, et qu'on peut, par conséquent , regarder comme indestructibles , que l'assiégé accueillera l'ennemi, lorsque celui-ci commencera à paraître sur le haut du bastion, pour y former son logement ou nid de pie. A l'effet de ces batteries de canon blindées se joindra celui de 20 à 25 pierriers rangés derrière l'épaulement de la gorge du bastion, comme il a été dit ci-devant.

Lorsque l'ennemi entreprendra le siége de cette place, il pourra se proposer d'y pénétrer, ou par un seul bastion, ou par les deux bastions d'un même front, comme on le fait ordinairement.

Autrefois on attaquait par un seul bastion, mais on a reconnu les inconvéniens de ce procédé. En effet, ou ces bastions sont retranchés d'avance, ou ils ne le sont pas. S'ils ne le sont pas et qu'on attaque par un seul bastion, l'assiégé pourra s'y retrancher pendant le siége; mais s'il est attaqué par deux bastions à la fois, il ne le pourra pas; car il faudrait alors qu'il fît un retranchement à chacun des deux bastions attaqués, ce qui ne se peut, puisqu'il a déjà bien de la peine à en retrancher un tant bien que mal. L'assiégé, dans ce cas, n'aura donc pas besoin de se loger sur les bastions pour y établir ses batteries, et la place sera obligée de se rendre dès que les brèches y seront faites.

Supposons maintenant que les deux bastions soient retranchés d'avance. Si l'ennemi attaque par l'un des deux seulement, il faudra qu'il s'établisse au-dessus pour faire brèche au retranchement; mais alors son logement sera battu des deux bastions collatéraux, qui, n'étant pas eux-mêmes attaqués, n'ont point à s'occuper de leur propre défense, et rendront ce logement très difficile à établir. Si, au contraire, l'ennemi attaque tout-à-la-fois les deux bastions d'un même front, les défenseurs de chacun d'eux ayant à pourvoir à leur propre sûreté, concentreront leurs moyens autour d'eux, et ne s'occuperont point de l'autre bastion attaqué : c'est ce que démontre l'expérience; car, ainsi que le dit le général d'Arçon, « On voit dans chacun des ouvrages » qui, de près ou de loin, participent à la crise d'une attaque, » qu'il existe une sorte d'égoïsme, duquel il résulte qu'on s'inté-

» resse infiniment moins à la sûreté de ses voisins qu'à la sienne
» propre. A peine, dit pareillement **M.** de Bousmard, s'aper-
» çoit-on du feu de flanc pendant le passage du fossé ; on est
» bien plus occupé des grenades qu'on reçoit du haut de la
» brèche, et des parties de la face encore debout de part et
» d'autre. »

Il est donc évident que , soit qu'il y ait des retranchemens
préparés d'avance dans les bastions, soit qu'il n'y en ait pas, il
est , en général, plus avantageux pour l'assiégeant d'attaquer
tout-à-la-fois les deux bastions d'un même front qu'un seul.

Cependant on doit aussi considérer le nombre des pièces à
prendre; car, dit **M.** de Vauban , il faut s'attendre à autant
d'affaires. Si , par exemple , les demi - lunes n'ont point de réduits , il y aura également trois pièces à prendre, soit qu'on attaque par les deux bastions à la fois, soit qu'on attaque par un
seul. Dans le premier cas , il faudra forcer une demi - lune et
deux bastions , et dans le second un bastion et deux demi-lunes.
Si les deux demi-lunes ont des réduits , et qu'on attaque par un
seul bastion , il y aura cinq pièces à prendre , savoir , les deux
demi-lunes , les deux réduits et le bastion ; tandis qu'il n'y en
aurait que quatre en attaquant les deux bastions à la fois, savoir,
la demi-lune, son réduit et les deux bastions. Ainsi , dans ce second cas , on aura un motif de plus pour attaquer les deux bastions à la fois. Si , au contraire , il n'y avait point de réduits aux
demi-lunes , mais qu'il y eût des contre-gardes aux bastions, en
attaquant deux d'entre eux , il y aurait cinq pièces à prendre ,
savoir , la demi-lune du front , les deux contre-gardes et les deux
bastions; tandis qu'en attaquant par un seul bastion , il n'y aurait que quatre pièces à prendre , savoir , les deux demi-lunes ,
la contre-garde et le bastion. Cette considération pourrait donc
déterminer à n'attaquer , dans ce cas , que par un seul bastion.

Dans le système proposé , il y a neuf pièces à prendre avant d'arriver au retranchement général,. soit qu'on attaque deux bastions à la fois, soit qu'on en attaque un seul ; savoir, pour le premier cas, les deux bastions attaqués, leurs deux couvre-faces et leurs deux fortins, la demi-lune, son couvre-face et son fortin : en tout 9 pièces. Pour le second cas, il y a le bastion d'attaque, son couvre-face et son fortin, les deux demi-lunes, leurs deux couvrefaces et leurs deux fortins : en tout pareillement 9 pièces. Ainsi, dans ce cas, par les considérations développées ci-dessus, il y aurait avantage pour l'assiégeant à attaquer deux bastions à la fois.

Mais si nous comparons ainsi, sous le rapport du nombre des pièces à prendre, le nouveau système proposé au système actuellement pratiqué, nous voyons un avantage immense en faveur du premier, puisqu'il s'y trouve 9 pièces à prendre avant d'arriver au retranchement général ; tandis que dans le système actuel il n'y en a que quatre, en supposant qu'il existe un pareil retranchement, et pas une seule lorsque le retranchement n'existe pas, ce qui est le cas ordinaire (*).

Que si maintenant nous considérons la difficulté de prendre chacune de ces pièces particulièrement, nous trouverons que l'avantage est encore beaucoup plus grand du même côté ; car si nous comparons, par exemple, la défense du bastion dans les

---

(*) Il est de fait qu'une place qui n'a point de retranchement, ainsi que le sont presque toutes celles qui existent aujourd'hui, est mise en brèche dès le quatrième jour, de ce qu'on peut appeler proprement la défense rapprochée, c'est-à-dire, depuis le couronnement du chemin couvert, et, par conséquent, obligée de se rendre le sixième jour au plus tard, si l'on ne veut pas qu'elle soit exposée à être emportée d'assaut ; et cela sans que l'ennemi ait une seule pièce à prendre. Je pourrais ajouter que même un retranchement ne garantirait point la place de cet évènement avec des parapets, que la brèche entraîne dans le fossé, comme ceux qui existent. Le système appelé *moderne* ne remédie point à ce défaut majeur ; mais ses partisans prétendent qu'il est impossible de faire mieux, et que le peu de résistance dont il est susceptible tient à la nature même des armes em-

5..

deux cas, nous voyons que, dans le système aujourd'hui pratiqué, la brèche s'ouvre à la face de ce bastion dès que l'assiégeant
est logé sur la pointe du glacis de la demi-lune (défaut radical
de ce système); que son parapet tombe dans le fossé avec l'escarpe, et laisse à découvert tout le terre-plein du rempart qui
est derrière, et même le retranchement, s'il y en a un ; que la
chute de ces terres applanit la brèche et la rend d'un accès facile ; qu'enfin, la trouée qui existe entre le bastion et la tenaille
donne à l'assiégeant la faculté de faire brèche à la courtine, et de
tourner le retranchement qui pourrait être fait à la gorge du
bastion. Or toutes ces défectuosités disparaissent dans le nouveau
système. Pour faire brèche au bastion, il faut d'abord s'être
établi sur la contre-garde ou l'avoir fait sauter par une mine ;
et le peu de largeur de celle-ci ne permet ni l'un ni l'autre sans
les plus grandes difficultés. L'assiégé conserve jusqu'à la fin le
parapet de son bastion, la brèche demeure haute et escarpée ; et
si l'ennemi ne vient pas à bout de détruire à peu près tout le
mur d'escarpe qui couvre le chemin des rondes, l'assiégé viendra
par ce même chemin des rondes l'attaquer sur ses deux flancs
lorsqu'il donnera l'assaut, ou le harceler dans ses têtes de sape,
s'il procède pied à pied. Ensuite, lorsqu'il voudra s'établir sur
la brèche, il y sera pris de flanc et de revers, à bout touchant,
par le boulevart du centre, qu'il ne peut battre en ricochet, et

---

ployées par l'assiégeant ; mais puisqu'il est prouvé par l'expérience que le mode des attaques contribue à la reddition plus ou moins prompte de la place, pourquoi le mode
de défense ne contribuerait-il pas à retarder ou à empêcher cette reddition ? Pourquoi
ne pas convenir d'un fait notoire ? C'est que, depuis l'emploi de l'artillerie dans la guerre
des siéges, les procédés de l'attaque se sont infiniment perfectionnés, tandis que ceux
de la défense et de la construction sont restés les mêmes, à très peu de chose près ? Il est
cependant difficile de croire que la défense qui, par sa nature, est subordonnée au mode
d'attaque, soit parvenue, avant celle-ci, à son plus haut degré de perfection.

par tout le flanc de l'autre bastion, par-dessus ce boulevart (*);
lorsqu'enfin il sera parvenu tout en haut pour former son nid-
de-pie, il s'y trouvera sous le feu direct du canon du retranchement, et sous la grêle de projectiles lancés par les mortiers et
pierriers qui sont rangés à la gorge du bastion.

La prise de la contre-garde de ce bastion n'offre pas moins de
difficultés, car elle est battue de flanc et de revers par les feux
plongeans du boulevart du centre et du bastion opposé. Elle est
sous le feu direct à bout touchant de la mousqueterie des créneaux du bastion qu'elle couvre, et sous celui des grenades jetées
à la main du chemin des rondes du même bastion, qui n'est
éloigné du terre-plein de cette contre-garde que de 18 à 20 mètres.
Le talus intérieur de cette pièce étant à terres roulantes, elle
peut être prise et reprise maintes fois, avant que l'assiégeant
puisse s'en assurer la possession définitive. Les sorties pour faire
ces coups de main ne peuvent être empêchées que des logemens
qui seraient établis sur la pointe même de cet ouvrage; logemens
qu'il est comme impossible de maintenir sous la multitude des
feux auxquels ils seraient exposés de toutes parts, sans pouvoir se
couvrir par le peu d'espace qu'ils occupent. Prétendre se frayer
un passage sous cette pièce, à la sape, malgré le contre-mineur,
les sorties, le feu direct des créneaux, et la pluie des grenades
lancées du haut de la pièce elle-même, de la traverse qui s'ap-
puie sur elle et du chemin des rondes, est encore plus absurde.

Avant de prendre cet ouvrage, il faut s'être emparé du fortin

---

(*) On peut, à chacun des angles d'épaule perpendiculairement à la face, établir,
pendant le siége, deux pièces de canon blindées, pour enfiler le chemin des rondes. Ces
pièces seront couvertes, contre le ricochet, par des pièces de bois inclinées, jusqu'au moment de l'assaut; alors elles seront tout à coup démasquées, et l'ennemi ne pourra plus
tirer sur elles, parce qu'il se trouvera, sur la brèche, interposé entre elles et ses propres
batteries.

qui est à son angle flanqué. Or ce fortin est non-seulement défendu par les demi-lunes collatérales et leurs couvre-faces, mais il est par lui-même, et sans le secours d'aucune autre pièce, capable d'une résistance opiniâtre.

De plus, il est évident que l'ennemi ne peut s'établir sur ce fortin, situé dans un angle rentrant, sans s'être préalablement emparé de la demi-lune ; et que pour être maître de celle-ci, il faut d'abord être maître de son couvre-face et de son fortin : or ceux-ci sont flanqués et défendus par une immense quantité de feux, tant d'artillerie que de mousqueterie. Il ne faut donc pas croire qu'il fût facile à l'assiégeant, ni même qu'il pût lui être fort utile de se faire, sur la pointe de ce couvre-face, un logement pour observer les mouvemens intérieurs de l'assiégé ; car celui-ci l'aurait bientôt débusqué d'un poste si mal soutenu. En effet, cette pointe est battue par toute l'artillerie des faces des bastions, par une grande partie de celles de la courtine et du boulevart central, et par tout le développement de mousqueterie des deux couvre-faces des deux bastions. Il n'existe pas un seul point, dans toute la fortification, sur lequel on puisse concentrer une si grande quantité de feux de tous genres. Si, néanmoins, l'assiégeant veut à tout prix se maintenir sur cette pointe, il sera indispensable, ainsi que le prescrit M. de Vauban pour tous les cas analogues, qu'il pousse son logement de droite et de gauche jusqu'aux extrémités des branches, autrement l'assiégé reviendrait, par ces mêmes branches, l'attaquer par ses deux flancs, en montant à l'improviste sur ces deux branches, soit par les rampes, soit par les talus intérieurs, qui sont à terres roulantes, et qu'on peut adoucir autant qu'on le veut.

En voilà, je pense, assez pour convaincre les personnes de bonne foi : c'est pour elles seulement que j'écris. D'autres pourront affirmer, si cela est entré dans leurs vues, qu'une seule enceinte, qui est mise en brèche dès le premier moment de la défense rap-

prochée, vaut mieux que cinq bien couvertes, et qu'il faut enlever successivement à la sape ou de vive force. Il n'y a point de
paradoxe qu'on ne puisse soutenir; point de vérité qu'on ne
puisse obscurcir.

En prenant, comme je l'ai fait dans mon Traité de la défense
des Places, l'alternative des retours offensifs et de l'emploi des
armes à feu, pour base de cette défense, j'ai supposé que les attaques étaient dirigées suivant la méthode de M. de Vauban, qui
consiste à s'avancer graduellement par des opérations toujours
bien liées, à couvert par de bons parapets, les flancs bien appuyés; et c'est contre de semblables attaques que j'ai soutenu,
et que je soutiens plus que jamais, qu'il faut principalement
employer les feux verticaux, comme pouvant seuls atteindre
l'ennemi au fond de ses tranchées (*). Mais si l'on juge à propos

(*) Les demi-mesures perdent tout, comme je l'ai déjà dit ailleurs. Bien des personnes
croiraient peut-être avoir fait beaucoup, en mettant dans une place assiégée autant de
mortiers ou de pierriers que de pièces de canon, ainsi que le propose M. de Vauban.
Qu'arriverait-il alors? C'est que la place serait censée avoir été défendue par des feux verticaux, et que, cependant, n'ayant pas fait une résistance beaucoup plus grande que les
autres, on en conclurait que la défense par les feux verticaux ne vaut pas mieux que par
les feux directs, et le préjugé ne ferait que s'enraciner de plus en plus. Mais M. de
Vauban, non plus que tous ceux qui ont, jusqu'ici, le plus recommandé l'usage des feux
courbes, ne les a jamais considérés que comme un moyen purement secondaire; et, dans
cette hypothèse, c'est beaucoup, en effet, d'armer la place d'autant de mortiers ou de
pierriers que de canons. Il n'en est point ainsi lorsque l'on se propose, comme je l'ai fait,
de considérer les feux courbes comme moyen principal dans la défense rapprochée. Ce
ne sont pas alors autant de pierriers que de canons qu'il faut employer, mais dix fois
plus; il faut au moins deux cents de ces pierriers, dont la moitié soit toujours en action : telle est l'idée fondamentale de mon système de défense; et c'est là qu'est la nou-
veauté. Ces pierriers pouvant être de fer coulé et de peu d'épaisseur, coûteraient peu; et
comme ils ne jettent que des pavés avec de petites charges de poudre, la dépense qu'ils
occasionneraient serait, en résultat, beaucoup moindre que celle qu'exige le mode actuel.
De plus, je suis persuadé qu'on pourrait, en très grande partie, suppléer à ces feux
verticaux par des arcs, des arbalètes et la fronde; mais il faudrait, pour cela, le vouloir, et avoir dans chaque place, suivant son importance, un bataillon franc ou une

d'abandonner les principes de M. de Vauban ; si, au lieu d'approcher pied à pied, on multiplie les attaques en l'air et de vive force, comme au seizième siècle, je me défendrai aussi comme on le faisait au seizième siècle, lorsque les siéges duraient plusieurs années, et échouaient le plus souvent. Il n'y a point de pacte fait entre l'assiégeant et l'assiégé pour la manière d'attaquer et de défendre ; et il faut croire que l'un n'est pas moins attentif que l'autre à profiter de tous les avantages que les circonstances peuvent lui offrir.

En résumé, quel doit être raisonnablement le but de nos recherches ? Il me semble que c'est de ramener, s'il est possible, l'état des choses à ce qu'il était avant les méthodes imaginées par M. de Vauban. Or toutes les découvertes essentielles de M. de Vauban, dans l'art d'attaquer les places, se réduisent à deux points : 1° l'invention du ricochet ; 2° la substitution des attaques régulières et faites pied à pied aux attaques décousues et de vive force, qui étaient autrefois usitées. C'est donc essentiellement à neutraliser les effets de ces deux procédés qu'il faut s'appliquer dans l'art de construire et de défendre les places.

Or, quant au ricochet, les meilleurs expédiens qu'on ait imaginés jusqu'ici sont, 1° la science du défilement, qui consiste à faire passer les plans qui contiennent les branches des ouvrages au-dessus des positions où l'ennemi peut établir ses batteries ; 2° à couvrir ces branches par des bonnettes, des cavaliers ou des traverses suffisamment élevées ; 3° à diriger ces mêmes branches dans des marais ou autres points inaccessibles, afin de les soustraire aux enfilades ; 4° à étendre la fortification en ligne

---

compagnie franche, inamovibles et rompus à ces divers exercices, ainsi qu'au tir de l'arquebuse. Mais, je le répète, ces moyens ne sont point exclusifs, et ne doivent diminuer en rien l'action des feux directs. C'est de la combinaison des uns et des autres employés judicieusement avec les retours offensifs, que résultera la bonne défense.

droite, afin que les prolongemens des faces tombent si près des autres parties de la fortification, que l'ennemi ne puisse s'y établir, sans se trouver à la grande proximité de l'artillerie de la place; 5° à donner aux ouvrages un grand relief, afin que les boulets de l'ennemi passent par-dessus sans y retomber, ou qu'en y remontant, ce soit sous un angle trop grand pour se relever et faire des ricochets; 6° à donner aux branches des ouvrages très peu de longueur en ligne droite, et même à les rendre absolument courbes, s'il est possible; 7° à leur donner très peu de largeur, afin qu'elles offrent moins de prise aux batteries d'enfilade de l'ennemi; 8° à blinder ou casemater les emplacemens destinés à l'artillerie de la place et à ses défenseurs; 9° à dérober entièrement les ouvrages aux vues du dehors, en ne leur donnant pas plus de relief qu'à ceux qui sont en avant; 10° à n'employer sur les remparts qu'une artillerie très légère et très mobile, afin de pouvoir la déplacer aisément et la soustraire promptement aux batteries préparées de l'ennemi.

La combinaison de tous ces moyens fait une partie essentielle de la science des officiers du génie; et en les employant habilement ils peuvent parvenir, sinon à détruire entièrement les effets du ricochet, du moins à les atténuer infiniment.

A ces moyens j'en ajouterai ici un autre, qui me paraît mériter d'autant plus de considération qu'il est très simple, et également applicable aux places anciennes et aux places à construire.

Ce moyen consisterait à planter irrégulièrement sur tous les glacis un grand nombre d'arbrisseaux de 5 à 6 mètres de hauteur; de manière qu'ils déroberaient à l'ennemi, pendant les premiers jours du siége, l'ensemble des ouvrages de la place, l'empêcheraient d'en faire la reconnaissance et de prendre les alignemens nécessaires pour l'emplacement des batteries de ricochet. Il serait toujours facile à l'assiégé, en étudiant le terrain

6

et en élaguant à propos ces arbrisseaux, de se ménager entre eux des échappées pour découvrir de la place tous les points de la campagne ; tandis qu'ils n'offriraient à l'ennemi qu'un labyrinthe, dont l'aspect changerait au gré de l'assiégé, qui abattrait ou élaguerait à volonté, tantôt l'un, tantôt l'autre de ces arbrisseaux. Toute cette plantation peut et doit se faire sans nuire à celle des grands arbres, qui ont été proposés par M. de Saint-Paul pour un autre objet, et dont l'utilité est reconnue.

Le second objet de l'assiégé doit être d'empêcher l'ennemi de suivre, au moins dans la défense rapprochée, la marche méthodique des sapes, afin de le contraindre à n'attaquer jamais que de vive force. Voyons, s'il est possible, comment on remplira ce second objet, encore plus important que le premier.

Ce qui s'offre d'abord, comme nous l'avons déjà dit plusieurs fois, est de se loger toujours au plus près de l'ennemi, de manière à ce qu'il se trouve continuellement sous le jet de la grenade, et exposé, dans ses tranchées, aux coups de main brusques, aux petites sorties, sans qu'il puisse user de représailles; car, se trouvant ainsi sans cesse harcelé dans ses têtes de sape, il sera obligé de les discontinuer et d'attaquer de vive force. Il s'agit donc de savoir comment l'assiégé peut se procurer de semblables logemens pendant tout le cours de la défense rapprochée : or c'est M. de Vauban lui-même qui va nous l'indiquer.

« Toutes les fois, dit ce grand ingénieur, qu'on peut se rendre
» maître du chemin couvert, par industrie, sans être obligé d'en
» venir aux mains, c'est, sans contredit, le meilleur moyen
» qu'on puisse employer.

» Mais si ce chemin couvert n'est point battu des ricochets,
» ou si les glacis, élevés par leur situation, sont si roides qu'on
» ne peut plonger dans le chemin couvert par les logemens
» élevés en cavaliers qu'on peut faire vers le milieu du glacis,

» on pourra être obligé d'attaquer le chemin couvert de vive
» force. »

Voilà donc un cas où M. de Vauban reconnaît que l'assiégeant peut se trouver obligé d'attaquer de vive force : c'est lorsque l'assiégé est couvert dans sa position par un obstacle , ne
fût-ce qu'une palissade , que le ricochet ne saurait détruire , et
qu'on ne peut d'ailleurs parvenir à le dominer et plonger dans
cette position, pour l'en chasser préalablement.

De là je conclus que pour réduire l'ennemi à ne pouvoir attaquer le chemin couvert , ou toute autre position semblable, que
de vive force, il n'y a qu'à, 1° substituer à la palissade un obstacle que ne saurait rompre le ricochet , tel , par exemple ,
qu'un bon mur crénelé ; 2° substituer au glacis bas à pente
douce , comme les glacis ordinaires, un glacis très haut à pente
roide, comme les glacis coupés.

Donc , pour réduire l'ennemi à ne pouvoir jamais attaquer
que de vive force pendant tout le cours du siége, il faut lui présenter une série d'obstacles de ce genre ; c'est-à-dire, toujours des
glacis coupés à l'épreuve du canon direct , avec un mur crénelé
derrière à l'épreuve du canon à ricochet.

Telles sont , en effet, les conditions que j'ai tâché de remplir
dans les deux systèmes exposés ci-dessus , et principalement dans
celui de la fortification primitive.

D'après ces principes, qui me paraissent incontestables , je
pense qu'il serait possible , sans beaucoup de dépenses , d'augmenter considérablement la force des places actuellement existantes, en transformant aux angles saillans les glacis ordinaires
en glacis coupés , et en substituant à la palissade un mur crénelé qui régnerait, vers le milieu de la largeur du chemin couvert,
tout le long de ses branches.

Je remarque d'abord que, par cette construction , tout demeure flanqué sur les glacis, et qu'elle ne donne lieu à aucun

6..

angle mort; car, pour cela , il n'y a qu'à prolonger les pans de glacis de places d'armes rentrantes , jusqu'au terrain naturel , et enlever tout le massif des terres comprises entre ces plans, ainsi prolongés , et les talus des glacis coupés vis-à-vis des angles flanqués des bastions et de la demi-lune. Ces massifs de terres enlevées pourront être employés très utilement , soit à relever les glacis en général , soit à faire des traverses , des bonnettes , des barbettes , des cavaliers; car il ne faut pas oublier que le re-lief de la fortification ne saurait être trop grand, ainsi que l'observe , avec raison, M. de Cormontaingne , et qu'on n'a jamais autant de terres qu'il serait à désirer.

Je suppose d'abord qu'on en emploie une partie à former, dans le terre-plein de chacune des places d'armes saillantes , tant des demi-lunes que des bastions , dans le sens de sa capitale, une traverse élevée de 2 mètres au moins au-dessus de la crête du glacis coupé. Cette traverse arrêtera la plupart des coups de ricochet ; et très peu de ceux qui passeront par-dessus , pourront retomber dans le chemin couvert. De plus , cette même traverse annullerait également l'effet des cavaliers de tranchée, s'il y en avait; mais ces cavaliers ne sauraient même avoir lieu, parce que, le glacis n'existant plus , il faudrait leur donner trop de hauteur pour qu'ils pussent plonger par-dessus la traverse.

En général, malgré le préjugé contraire, il est certain que les glacis coupés sont beaucoup plus avantageux que les glacis à pente douce. Ceux - ci sont aux autres ce qu'une brèche très aplanie est à une brèche escarpée, et qui demeure telle malgré les coups de canon qu'on peut tirer dedans. De plus , leur peu de largeur ne permet point à l'assiégeant de se loger au-dessus pour y établir ses batteries; et , s'il veut les attaquer par la guerre souterraine , elle est toute en faveur de l'assiégé , auquel il est toujours facile de prévenir l'ennemi , et de l'empêcher d'établir ses fourneaux, sans qu'il ait besoin d'en faire lui-même. Les glacis

à longue pente favorisent d'ailleurs singulièrement l'attaque méthodique, tandis que les glacis coupés ou à pente roide, néces-
sitent l'attaque de vive force, comme l'observe M. de Vauban ;
et enfin les premiers absorbent une immense quantité de terres ,
qui pourraient être employées d'une manière infiniment plus
utile.

Tels sont les moyens par lesquels on peut neutraliser, en très
grande partie, les deux découvertes principales de M. de Vauban,
et ramener l'état des choses à ce qu'il était autrefois, en réduisant
celui qui assiége à n'attaquer jamais que de vive force (*). Les

---

(*) J'ai dit, dans une de mes notes précédentes , que je reviendrais sur la manière de
se défendre contre les attaques de vive force, et des inconvéniens de ce qu'on nomme défense de pied ferme : cela est d'autant plus nécessaire , que bien des personnes me semblent
être encore dans l'erreur à cet égard , et que M. de Vauban lui-même ne paraît pas avoir
eu des idées entièrement fixes sur ce point essentiel. Tantôt il approuve, par exemple, et
tantôt il blâme la défense des chemins couverts de Kayserwert, qui fut faite de pied
ferme. C'est qu'en effet la défense de ces chemins couverts fut admirable comme trait de
bravoure, mais très mauvaise sous le rapport de l'industrie. « L'assiégé, dit M. de
» Vauban, y perdit 350 à 400 hommes en deux heures de temps, ce que dix jours de
» siége de plus n'auraient peut-être pas fait, si le détail de la défense eût été plus mé-
» nagé. » Mais comment fallait-il ménager cette défense? C'est ce que M. de Vauban ne
dit pas. Puisque l'ennemi attaquait de vive force , il fallait nécessairement ou lui tenir
tête , comme on l'a fait, ou abandonner le chemin couvert pour ne plus y rentrer ,
p uisque toute communication se trouvait à l'instant coupée, au moyen du mur de con-
tr escarpe. La garnison s'est bravement défendue de pied ferme, mais elle a perdu 350
à| 400 hommes sans fruit , sans faire autre chose qu'accélérer la prise de la place par la
perte de ses défenseurs.

Lorsque l'ennemi entreprend de couronner le chemin couvert de vive force , ce n'est
ni de pied ferme , ni par des sorties prématurées, qu'il faut le combattre; mais uniquement
par la mousqueterie et l'artillerie des remparts, auxquelles il faut se hâter de faire jour,
pour leur laisser produire librement tout leur effet; ce qui dure ordinairement deux ou
trois heures. « Après quoi, dit M. de Vauban, on peut revenir par la droite et par la
» gauche par de bons détachemens, et attaquer l'ennemi, pour lors affaibli, et encore
» mal établi dans ses nouveaux logemens.»

On peut donc être surpris de lire dans un ouvrage moderne, réputé classique, que
dans le cas du couronnement entrepris de vive force, l'assiégé doit, aussitôt que les co-

autres moyens d'améliorer la défense ont été suffisamment développés dans le cours de cet ouvrage, et sont fondés principalement sur la combinaison des retours offensifs et de l'emploi des armes à feu; mais surtout sur celui d'une immense quantité de feux verticaux. Il ne me reste rien à dire à ce sujet. C'est à l'expérience seule qu'il appartient de confirmer, de détruire ou de perfectionner les aperçus que j'ai proposés. Je reviens, en finissant, au principal objet de ce Mémoire, qui est la fortification primitive.

De ce que j'ai dit sur le peu d'efficacité des feux de flanc dans le système bastionné, faut-il en conclure que je regarde le flanquement en général comme une chose absolument inutile? Non, sans doute; je dis seulement qu'on ne doit pas en faire un principe exclusif; et les plus habiles ingénieurs ont pensé de même, puisque tous leurs systèmes sont remplis d'angles morts ou de parties non flanquées. La fortification est assujettie à plusieurs maximes dont aucune n'est absolue, mais qu'il faut combiner

---

lonnes assaillantes gagnent le haut du glacis, faire tout à coup cesser le feu des remparts, sortir de ses places d'armes et marcher à l'ennemi pour le combattre.

C'est le renversement de tous les principes : il s'agit ici de l'opération la plus décisive, comme l'observe très bien l'auteur ; et certes c'est mal choisir son moment pour aller combattre un ennemi supérieur, pour défiler en sa présence par des barrières, pour faire taire le feu de ses propres remparts, que d'attendre que cet ennemi arrive avec l'élite de ses troupes en ordre de bataille; tandis que cette seule fois, pendant tout le cours du siége, il est obligé de se montrer, en masse et très long-temps, entièrement à découvert. Ce n'est point, ainsi qu'on le voit par les paroles citées plus haut de M. de Vauban, aussitôt que les colonnes assaillantes gagnent le haut du glacis, qu'il faut sortir de ses places d'armes pour le combattre ; mais deux ou trois heures après, lorsqu'il est affaibli par des décharges multipliées d'artillerie et de mousqueterie, et encore mal établi dans ses nouveaux logemens.

J'ai cru devoir signaler une erreur aussi grave échappée, sans doute, à un auteur estimable, parce que le passage qui la contient a été déjà cité inconsidérément par d'autres écrivains, non comme un contre-sens, mais comme autorité, pour étayer de fausses doctrines.

et modifier suivant les circonstances, de manière que l'ensemble, ou le résultat seul de cette combinaison , aille le mieux possible au but qu'on se propose.

On prend pour axiome que tout point doit être flanqué et défendu. Le mot flanqué est ici de trop ; il suffit que ce point soit défendu , n'importe comment, pourvu qu'il le soit bien. Il peut être défendu par des feux de flanc; mais il peut l'être aussi , et souvent beaucoup mieux , par des feux directs , par des feux courbes , par des feux souterrains, par des sorties , par des manœuvres d'eau. En admettant toutes ces défenses comme propres à se suppléer les unes aux autres , ainsi que la raison l'indique, on se donne une grande latitude pour varier la disposition des ouvrages , et pour sortir enfin d'une routine dont les effets sont si bornés , d'après tant de journaux de siége, tant réels que fictifs : un vaste champ s'ouvre dès lors à l'imagination.

Prenons pour exemple un hexagone régulier bastionné. Sa tenue, suivant le journal fictif, doit être de 20 jours seulement : savoir, 14 jours jusqu'au couronnement du glacis, et 6 autres jours pour forcer le corps de place, desquels 2 pour l'établissement des batteries , 2 pour faire brèche, et 2 pour le dispositif de l'assaut.

Maintenant, au lieu de cette place bastionnée, supposons-en une autre de même capacité intérieure, mais dont la magistrale soit entièrement circulaire, entourée d'un fossé concentrique de 5 ou 6 toises seulement de largeur, enveloppé d'un glacis de même relief et de même pente que celui du polygone bastionné, dont nous venons de parler , mais avec un chemin couvert ou simple banquette de 6 pieds seulement de largeur. Je suppose de plus que l'escarpe soit un mur vertical de 4 pieds d'épaisseur, percé de créneaux, avec un chemin des rondes par-derrière. Je dis que cette dernière place doit tenir autant que l'autre , d'après le journal fictif; mais qu'en réalité, elle aura sur elle de grands avantages.

Je dis d'abord qu'elle tiendra 20 jours, de même que la première; car il faudra évidemment les mêmes tranchées, les mêmes places d'armes et demi-places d'armes, la même somme enfin de travaux matériels, pour arriver au couronnement du glacis; puis le même temps pour construire les batteries, le même temps pour faire brèche, le même temps pour le dispositif de l'assaut: mais, comme on va le voir, la fortification bastionnée est d'ailleurs, sous tous les rapports, très inférieure à celle qui est purement circulaire.

1°. Celle-ci coûtera beaucoup moins, parce que le mur d'escarpe aura moins de développement, et que l'épaisseur sera moindre, n'ayant point de poussée à soutenir. Sa dégradation, par l'intempérie des saisons, sera aussi beaucoup moindre, à cause des paremens verticaux de son revêtement. 2°. Le rempart circulaire ne donne aucune prise au ricochet, non plus que son chemin couvert, tandis qu'en peu de jours toute l'artillerie de la place bastionnée, sera hors de service, le palissadement des chemins couverts ruiné, et les défenseurs en très grande partie tués ou blessés. 3°. La brèche sera très difficile à faire et à rendre praticable à l'enceinte circulaire, parce que le peu de largeur du fossé ne permet pas au canon de l'assiégeant de plonger jusqu'au pied de l'escarpe, dont une partie restera debout et non recouverte de terres, comme aux autres brèches; que le chemin des rondes empêche le parapet de tomber dans le fossé et de le combler; et qu'enfin le talus extérieur étant à terres roulantes, conserve la roideur de sa montée, malgré l'effet des batteries de brèche. 4°. Le chemin des rondes procure une ligne de mousqueterie couverte, qui tire à bout touchant sur l'ennemi, lorsque celui-ci veut établir son logement sur le haut du glacis et le chemin couvert. De plus, le chemin des rondes n'étant qu'à la distance d'environ 8 toises de la crête du glacis, le couronnement de ce glacis se trouve sous le jet des grenades lancées à la main, de ce che-

min des rondes. 5°. Si l'ennemi n'a pas prodigieusement élargi
la brèche, lorsqu'il voudra donner l'assaut, l'assiégé pourra venir
de droite et de gauche par le chemin des rondes, attaquer la co-
lonne assaillante sur ses deux flancs. 6°. L'assiégeant ne saurait
attacher le mineur au corps de place, parce que celui-ci est couvert par le mur d'escarpe qui est détaché des terres, et qu'on ne
peut l'attaquer d'un côté sans être entendu de l'autre. 7°. Les
communications sont beaucoup plus faciles dans le rempart circulaire, parce qu'elles se font par des passages souterrains qui
servent en même temps d'abri aux défenseurs.

Je ne pousserai pas plus loin ce parallèle entre la fortification
bastionnée et la fortification purement circulaire. Il est évident
que ce parallèle est tout à l'avantage de la dernière. Le flanquement est donc une défense peu importante, et M. de Bousmard,
que j'ai déjà cité, dit avec raison que l'on s'en aperçoit à peine.
Cependant cette fortification circulaire n'est que l'ébauche du
système qui a été proposé au commencement de ce Mémoire.

Concluons encore de ce même parallèle, qu'il ne faut pas
juger du mérite d'une forteresse uniquement par la somme
des travaux matériels que doit faire l'assiégeant pour s'en emparer, mais aussi et surtout par la difficulté de ces travaux, et par
les moyens que savent se procurer les défenseurs, suivant les
localités, pour s'opposer à leur exécution.

L'un des plus grands avantages de la fortification circulaire
est de pouvoir fournir des feux directs dans tous les sens, sur
les avenues de la place, tandis que dans la fortification bastionnée ou angulaire, il y a au-devant de chaque angle flanqué, à
droite et à gauche de la capitale, un grand espace qui en est
entièrement dépourvu; et c'est ce qui fait que l'assiégeant choisit
les capitales pour y faire cheminer ses tranchées. Par exemple,
si l'angle flanqué d'un bastion est droit, il y a un quart entier
de l'horizon dont le sommet de cet angle est le centre, qui ne

7

reçoit aucun feu direct : si l'angle est de 6o°, comme aux demi-
lunes ordinaires, il y aura deux tiers. A la vérité, l'on peut
diriger de loin, comme de la courtine, quelques pièces d'artillerie sur ces espaces, en biaisant les embrasures; mais outre
que l'on affaiblit ainsi beaucoup les parapets, comme le fusilier .
tire naturellement devant lui, ces mêmes espaces n'en demeurent
pas moins dénués du feu de mousqueterie, qui est le plus important. Ceux de ce genre qui se croisent sur les capitales, partent/
de trop loin pour être fort dangereux. De plus, lorsque l'assiégeant vient établir ses batteries sur les saillans du glacis, vis-à-
vis des angles flanqués, la pièce de fortification qui est derrière,
et qui, si elle était arrondie sur le devant, pourrait faire feu sur
ces batteries, en plongeant et à bout touchant, se trouve n'avoir
absolument aucune action sur elles.

On dira peut-être que si l'enceinte était sans flanquement,
l'ennemi pourrait y attacher sur-le-champ le mineur ou des sapeurs, pour y faire brèche sans canons; mais indépendamment
de ce que cela ne peut avoir lieu parce que le mur est détaché
des terres et crénelé, c'est ici, sous tous les rapports, une grande
erreur qu'il est important de relever. Ces sapeurs ou mineurs
ne viendront pas seuls ou faiblement soutenus, car alors l'assiégé
n'aurait qu'une sortie à faire pour les tuer. Il faut donc qu'ils
soient appuyés par une force capable de tenir tête à la garnison.
Or, cette force ne peut venir à découvert, puisqu'elle serait évidemment foudroyée par l'artillerie de la place. Elle ne peut donc
arriver que par des tranchées bien liées et bien soutenues les
unes par les autres, c'est-à-dire, en suivant les mêmes procédés
que ceux qu'on emploie aujourd'hui.

C'est en cela que les siéges actuels diffèrent essentiellement de
ceux qui étaient en usage avant l'invention de la poudre. Les
Anciens venaient au pied des murs pour les saper ou pour les
battre avec le bélier, et comme nous ils étaient obligés de sou-

tenir leurs travailleurs contre les sorties de l'assiégé; mais les
soldats qui soutenaient les travailleurs n'avaient pas, comme
nous, besoin de se couvrir de parapets, et de venir en louvoyant
par des boyaux de tranchée, parce que les projectiles lancés par
les assiégés, ne pouvaient les aller chercher bien loin, et que les
casques, les cuirasses et les boucliers des assiégeans suffisaient
pour les garantir contre la plupart de ces projectiles. Ainsi, ils
paraissaient avec sécurité en force autour des murs de la place,
tandis qu'aujourd'hui nous ne pouvons en approcher que par
des tranchées profondes et bien couvertes.

Les tours dont les anciens flanquaient leurs murailles leur
étaient nécessaires, parce que c'était de là seulement qu'ils pouvaient combattre avec quelque avantage leur ennemi, attaché au
pied de ces murailles pour les saper ou pour les battre avec le
bélier; mais le canon, qui tient aujourd'hui lieu du bélier, ne saurait se placer comme lui au pied de la muraille à laquelle on
veut faire brèche : ce canon est établi sur la crête du glacis, et
pourrait être battu directement du haut du rempart qui est vis-
à-vis, si celui-ci était approprié pour cela beaucoup plus efficacement qu'il ne peut l'être d'un flanc très éloigné, contre
lequel il est aisé de se couvrir par un simple épaulement. C'est
donc une fausse analogie qui a fait penser qu'on pouvait remplacer les tours anciennes par des bastions, lors de l'invention
de la poudre, et la découverte des armes à feu aurait dû ramener
à la fortification primitive, au lieu d'en écarter de plus en plus.

Il serait à souhaiter que l'on voulût peser ces réflexions mûre-
ment, dans le seul intérêt des progrès de l'art, sans passion et
sans préjugés.

Pl. 1

PROFIL POUR LE SYSTÈME DE FORTIFICATION PRIMITIVE.

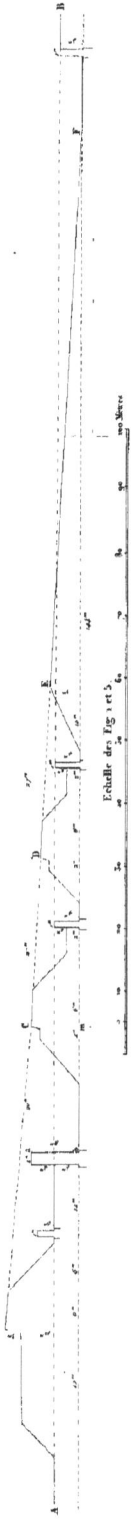

Fig. 1.

Échelle des Fig 1 et 3

FORTINS.

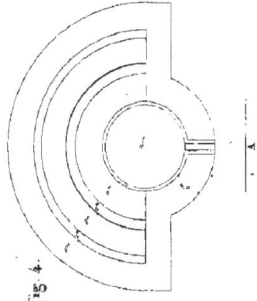

Fig. 4.

FORTINS.

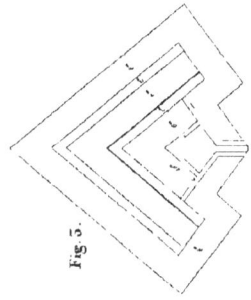

Fig. 3.

Échelle des Fig 2, 3 et 4.

LIGNE DE CONTRE APPROCHE.

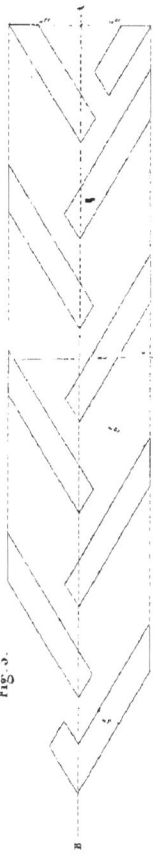

Fig. 5.

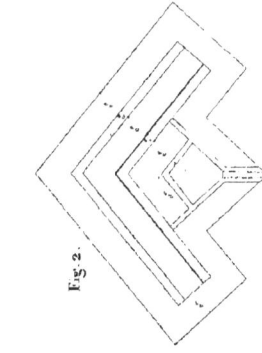

Fig. 2.

PROFIL D'UNE BATTERIE BLINDÉE.

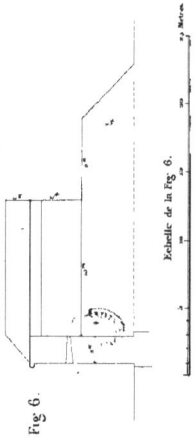

Fig. 6.

Échelle de la Fig. 6.

Pl. II.

Grave par Adam

PLAN D'UN FRONT BASTIONNÉ.

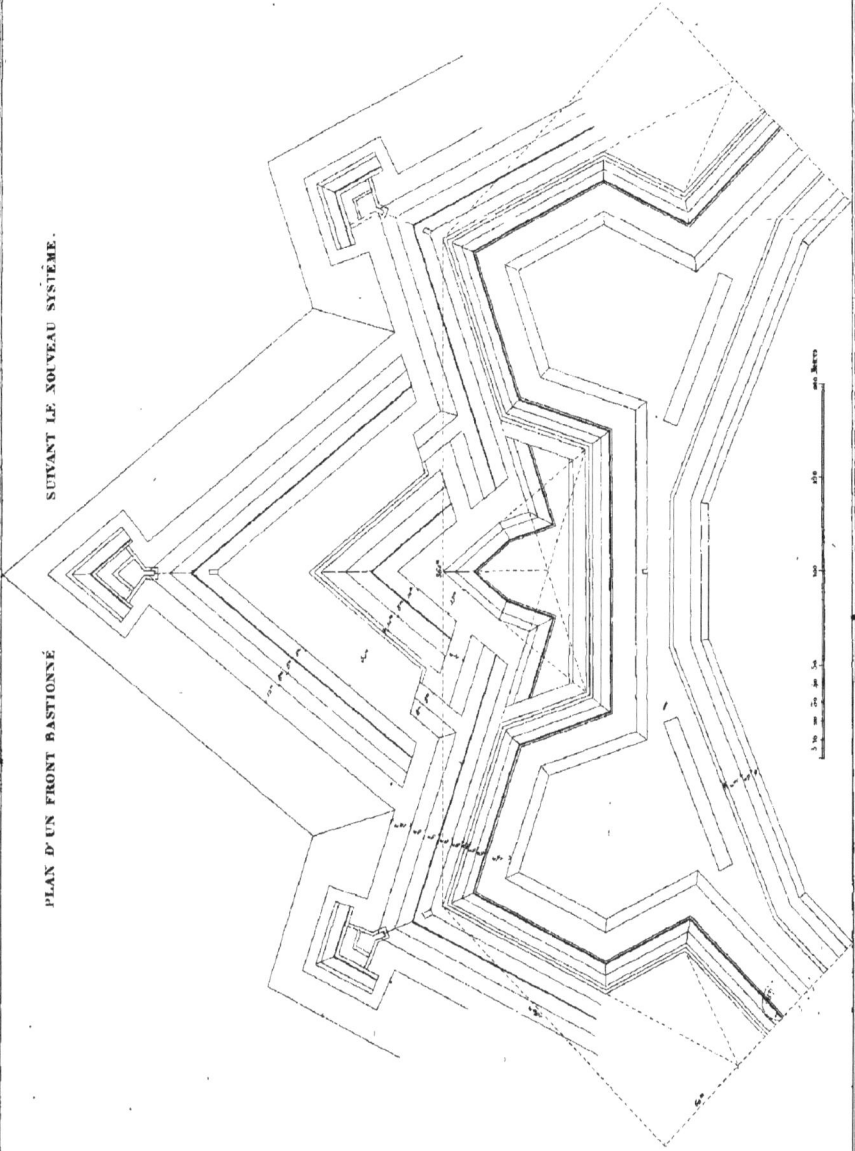

SUIVANT LE NOUVEAU SYSTÈME.

www.ingramcontent.com/pod-product-compliance
Lightning Source LLC
Chambersburg PA
CBHW050612210326
41521CB00008B/1217